中文版

InDesign CC

2019从入门到精通

王 岩
王 青　编著

U0386621

清華大學出版社
北　京

内 容 简 介

　　InDesign是Adobe公司发布的一款专门用于设计印刷品和数字出版物版式设计的软件,深受广大设计师和专业排版人员的喜爱。本书将详细介绍新版InDesign CC 2019的使用方法。

　　本书共9章,主要介绍中文版InDesign的基本知识、使用方法和操作步骤,并配以大量练习实例。全书由两大主线贯穿,一条主线是软件知识点,包括文本与段落的设置、图形绘制、颜色设置、图像处理、表格的绘制与修饰、页面与长篇文档的创建与编辑,印前和输出设置等内容。另一条主线是常见的商业案例类型,如宣传页设计、画册及杂志的设计等内容。

　　本书适合InDesign的初、中级读者以及从事版式设计相关工作的设计师阅读,同时本书也非常适合作为高职、高专的实践课教材。

图书在版编目(CIP)数据

中文版InDesign CC 2019从入门到精通/王岩,王青编著. —北京:清华大学出版社,2020.7(2024.1重印)
ISBN 978-7-302-55736-4

Ⅰ. ①中… Ⅱ. ①王… ②王… Ⅲ. ①电子排版－应用软件 Ⅳ. ①TS803.23

中国版本图书馆CIP数据核字(2020)第104793号

责任编辑: 夏毓彦
封面设计: 王　翔
责任校对: 闫秀华
责任印制: 杨　艳
出版发行: 清华大学出版社
　　　　　　网　　　址:https://www.tup.com.cn,https://www.wqxuetang.com
　　　　　　地　　　址:北京清华大学学研大厦A座　　　　　　邮　　编:100084
　　　　　　社 总 机:010-83470000　　　　　　　　　　　　邮　　购:010-62786544
　　　　　　投稿与读者服务:010-62776969,c-service@tup.tsinghua.edu.cn
　　　　　　质量反馈:010-62772015,zhiliang@tup.tsinghua.edu.cn
印 刷 者: 三河市龙大印装有限公司
经　　销: 全国新华书店
开　　本: 190mm×260mm　　　　**印　张:** 17.5　　　　**字　数:** 462千字
版　　次: 2020年8月第1版　　　　　　　　　　　　　　**印　次:** 2024年1月第3次印刷
定　　价: 79.00元

产品编号:086359-01

前　言

版式设计是现代设计艺术的重要组成部分，是视觉传达的重要手段。而 InDesign 正是 Adobe 公司发布的一款专门用于设计印刷品和数字出版物版式设计的软件。它为平面设计师、包装设计师和印前专家提供了很多便捷的工作模式，为杂志、图书、报纸和广告等设计工作提供了一系列更为完善的排版功能。它不但与 Adobe 公司旗下的其他系列软件有很好的兼容性，而且保证了真正意义上的无缝链接，同时对图像、字型、印刷和色彩等方面进行专业的技术管理。

本书采用"教程＋案例"的双线编写形式，将软件的基本操作技巧通过案例串联起来，并在其中体现版面编排有关的设计、制作方法以及印刷相关的基础知识，力求使其兼具技术手册和应用技巧参考手册的特点。

全书分为 9 章，第 1~8 章包含有近 50 个典型实例，循序渐进地介绍软件的基础知识以及设计、制作的基础知识。其中第 1 章对 InDesign CC 的界面、工作环境、文档的基本操作做了详细的介绍，并通过一个案例为读者演示了 InDesign CC 的基本使用；第 2 章介绍文本与段落的创建和设置；第 3 章介绍各种图形绘制工具的使用；第 4 章介绍颜色模式、颜色面板、色板面板、渐变面板、效果面板等面板的相关知识；第 5 章介绍图像的置入，编辑和链接等设置方法；第 6 章介绍表格的创建及设置方法；第 7 章介绍长文档与交互文档的编排方法；第 8 章讲解 InDesign 的印前与输出设置，包括输出 PDF、打印设置和打包等内容；第 9 章是一个综合案例章节，总结在宣传页、画册和杂志的制作流程中需要注意的问题和具体的制作方法。

本书技术实用，讲解清晰，不仅可以作为 InDesign 平面设计初、中级读者的学习用书，也可以作为大中专院校相关专业及 InDesign 平面设计培训班的教材。同时非常适合 InDesign 的初、中级读者以及从事版式设计相关工作的设计师自学与查阅。

本书所有实例的素材、教学视频可以通过扫描下方二维码下载。如果下载有问题，请联系邮箱booksaga@126.com，邮件主题写"中文版 InDesign CC 2019 从入门到精通"。

由于时间仓促，加之水平有限，书中难免存在错误和不妥之处，敬请广大读者批评指正。

编　者

2020 年 5 月

目　　录

第 3 章
绘制图形
71

第 8 章
印前和输出
205

第 9 章
综合案例制作
223

第 1 章

InDesign基础入门

Adobe InDesign CC（简称InDesign）是Adobe公司发布的一款专门用于设计印刷品和数字出版物的软件。它为平面设计师、包装设计师和印前专家提供了更加便捷的工作模式，为杂志、图书和报纸等设计工作提供了更加完善的排版功能。本章将向读者介绍InDesign的基础知识，重点讲解InDesign的工作环境配置和常用操作。

InDesign的新增功能

1.1

InDesign的新版本是2018年10月版（版本号14.0），在InDesign中执行【帮助】|【关于InDesign】命令可以查看版本信息，如图1-1所示。如果版本过低，可以执行【帮助】|【更新】命令，通过Adobe Creative Cloud下载更新版本，如图1-2所示。

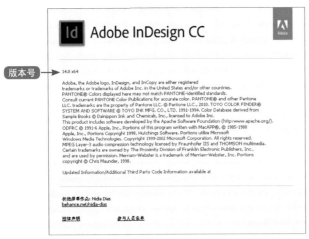

图1-1

图1-2

新版本的InDesign提供了下列重要更新功能：

1. 内容识别调整

InDesign在首选项中增加了内容识别调整功能，如图1-3所示。开启这项功能后，用户将图像置入到框架内部时，InDesign会自动计算框架的长宽比，同时对图像内容进行评估，根据评估结果确定图像的最佳显示部分，如图1-4所示。

图1-3

图1-4

2. 自适应版面

　　自适应版面功能是版面调整功能的升级，如图1-5所示。当用户需要修改文档的页面大小时，不必逐个手动调整文本、图像等对象，自适应版面功能可以将版面中的所有元素自动调整到合适的大小和位置，如图1-6所示。

图1-5　　　　　　　　　　　　　　　　　　　　　　　　图1-6

3. 属性面板

　　全新设计的【属性】面板比传统的【控制】面板更加便利，在这里用户可以根据当前的任务或工作流程，随时访问与选取对象相关的设置参数和控件，不必在各种面板间频繁切换，如图1-7所示。

4. 可视化字体浏览

　　新版本的【字体】面板提供了更多选项，不但可以在预览字体时更改字体大小，而且利用过滤器还能查看最近添加的字体或者仅列出某种类型的字体，就连字体预览的样本文本也可以自由设定，如图1-8所示。

图1-7

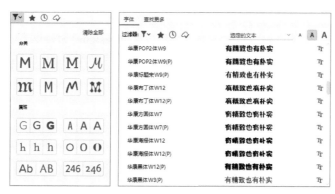

图1-8

InDesign的工作环境

1.2

Adobe CC系列软件不但使用了统一的界面布局，而且在操作习惯方面也是一脉相承，会操作Photoshop或Illustrator的读者使用InDesign时肯定会有一种似曾相识的感觉。

1.2.1 启动InDesign

在Windows开始菜单中单击【所有应用】按钮，单击【Adobe InDesign CC 2019】图标，即可启动软件。

启动InDesign后，首先会进入到开始工作区，在这里可以进行新建、查找和打开文档等操作。如果想切换到InDesign的主界面，可以单击开始工作区右上角的【工作区切换器】，在弹出的菜单中选择【基本功能】，如图1-9所示。

图1-9

要想清空开始工作区中的文档缩略图，只能恢复InDesign的初始设置。恢复初始设置的方法是按住Ctrl＋Shift＋Alt快捷键单击Windows开始菜单中的Adobe InDesign CC 2019图标，在弹出的对话框中单击【是】按钮。

1.2.2 工作区的组成

InDesign默认的工作区由【菜单栏】、【应用程序栏】、【工具箱】、【面板组】、【状态栏】和【文档窗口】6个部分组成，如图1-10所示。

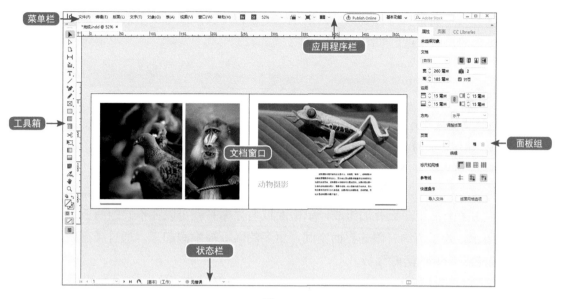

图1-10

1. 菜单栏

菜单栏的作用是组织菜单命令。菜单命令的快捷键显示在命令名称的右侧。如果命令名称右侧带有 › 标志，表示该命令包含子菜单。如果命令名称后面带有 ⋯ 标志，表示执行该命令会打开对话框，如图1-11所示。

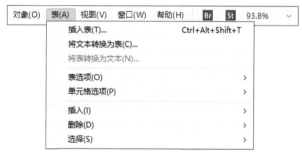

图1-11

2. 应用程序栏

应用程序栏中提供了工作区切换器、缩放级别、视图选项、屏幕模式等控件，在这里可以进行视图显示和界面布局切换方面的操作，如图1-12所示。

图1-12

3. 工具箱

工具箱中提供了常用工具的快捷按钮，单击工具箱中的按钮就可以激活对应的工具。

如果工具图标右下角带有 ◢ 标志，那么按住这个按钮不放，或者使用鼠标右键单击按钮都可以弹出更多的扩展工具，如图1-13所示。

使用快捷键操作是提高编排效率的重要手段，将光标停留到一个工具按钮上，稍等片刻就会显示出该工具的名称和快捷键。

4. 面板组

面板组由多个常用面板叠加组成，单击面板名称标签就可以在不同的面板之间切换，如图1-14所示。为了节约有限的界面空间，更多的面板被隐藏起来，通过【窗口】菜单中的命令可以打开所有的隐藏面板。

图1-13

图1-14

5. 文档窗口

文档窗口占据了工作界面的大部分区域，用于显示文档的页面效果。在文档窗口上方的文档标签中，显示了当前打开的文档名称和显示比例，如图1-15所示。

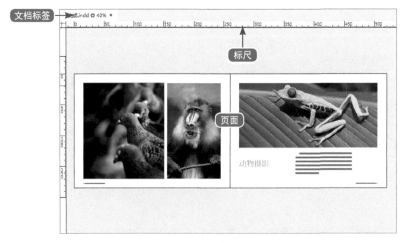

图1-15

6

6. 状态栏

状态栏位于文档窗口的下方，里面提供了切换页面的控件，同时还会显示文档的状态，如图1-16所示。

图1-16

自定义工作环境

1.3

用户可以按照自己的习惯对InDesign的工作环境进行设置，不但可以自定义界面颜色和快捷键，而且可以调整工具箱、面板组等构件的位置和布局。

1.3.1 自定义工作界面

对工作区的重新布置可以节省屏幕空间，从而留出更大的文档显示区域，也可以更方便地找到自己需要的面板或工具。

1. 自定义工作环境

01 不习惯深色界面的用户，可以执行【编辑】|【首选项】|【界面】命令，打开【首选项】窗口，在【外观】选项组中选择界面的配色，如图1-17所示。

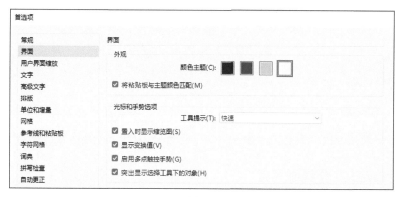

图1-17

02 单击工具箱上方的 ▸▸ 按钮可以切换工具箱的单排、横排和双排显示方式。按住鼠标不放拖动工具箱顶部的灰色边条，可以将工具箱切换为浮动状态，浮动状态的工具箱可以随意移动位置，如图1-18所示。

03 单击面板组上方的 ▸▸ 按钮可以切换到标签状态，如图1-19所示。按住面板组上方的灰色边条拖动，可以将面板组切换为浮动状态。将浮动状态的面板组拖动到工作界面的边缘，出现蓝色显示时松开鼠标，浮动面板又会切换回固定状态。

双排　　　　　　　　　　　　　　　　　　　　横排

图1-18

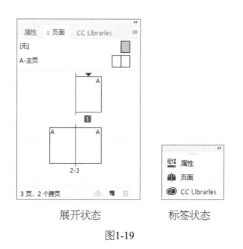

展开状态　　　　　　标签状态

图1-19

提示

　　按键盘上的Tab键可以隐藏工作界面上所有的面板，将光标移动到工具箱和面板组原本所在的位置，隐藏的面板又会显示出来。另外，按Shift＋Tab快捷键可以仅隐藏面板组。

2. 存储与删除自定义工作界面

　　根据需要将工作界面调整完毕后，可以把当前的界面布局存储为自定义工作区。在以后的工作中，如果不小心移动或关闭了某个面板，就能非常方便地恢复原来的设置。

01 单击应用程序栏中的工作区切换器，选择【新建工作区】命令，打开【新建工作区】对话框。在【名称】文本框中输入新建工作区的名称，单击【确定】按钮保存当前的工作区设置，如图1-20所示。

02 如果想删除不需要的工作区，只要在应用程序栏的工作区切换器列表中选择【删除工作区】命令，如图1-21所示。

图1-20   图1-21

如果想恢复InDesign的默认工作界面，可以单击工作区切换器，在弹出的菜单中选择【重置"基本功能"】命令。如果选择【重置"我的工作区"】，将切换到用户自定义保存的工作界面，而不是InDesign的默认工作界面。

03 在【删除工作区】对话框的【名称】下拉列表中选择不需要的工作区，单击【删除】按钮即可。

1.3.2 自定义快捷键

在InDesign提供的快捷键编辑器中，不但可以查看所有快捷键的列表，而且能编辑或者创建自定义的快捷键。

01 执行【编辑】|【键盘快捷键】命令，打开【键盘快捷键】对话框，如图1-22所示。在【集】下拉列表中选择一个快捷键集，单击【确定】按钮即可使用这个快捷键集。

02 在【产品区域】下拉列表中选择一个命令区域，继续在【命令】列表中选择一个命令，该命令的快捷键就会显示在【当前快捷键】中。在【新建快捷键】文本框中输入新的快捷键，单击【指定】按钮就可以修改这个命令的快捷键，如图1-23所示。

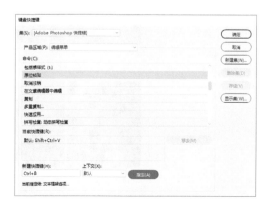

图1-22   图1-23

1.4 文档窗口管理

在InDesign中打开多个文档后，单击应用程序栏中的【排列文档】按钮 ▇▇，在弹出的下拉菜单中可以选择文档的排列方式，如图1-24所示。图1-25显示了【双联】排列文档的效果。

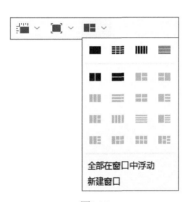

图1-24

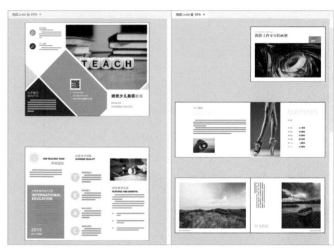

图1-25

单击应用程序栏中的【屏幕模式】按钮 ▇，在弹出的下拉菜单中可以选择切换文档窗口的显示模式，如图1-26所示。

其中主要选项含义如下：

- 正常：使用默认设置显示文档和辅助对象。
- 预览：按照最终输出品质显示文档，所有辅助对象和非打印元素都被禁止显示，如图1-27所示。

图1-26

正常显示模式

预览显示模式

图1-27

- 出血：显示效果与预览模式相同，但是会显示出血区内的可打印元素。
- 辅助信息区：在出血模式的基础上显示文档辅助信息区内的可打印元素。
- 演示文稿：用全屏幻灯片的形式显示文档。

单击应用程序栏中的【视图选项】按钮，在弹出的菜单中可以显示或隐藏标尺和各种辅助对象。常用的辅助对象如图1-28所示。

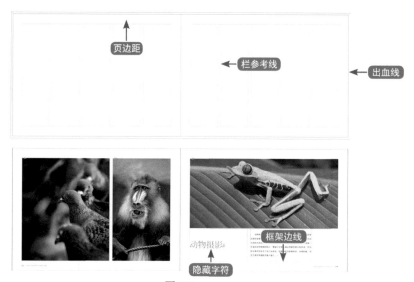

图1-28

文档基础操作

1.5

无论学习哪款软件，文档操作都是比较重要的内容，这里简单介绍如何在InDesign中进行新建文档、打开文档、存储文档等操作。

1.5.1 新建文档

新建文档是编排文档的第一个步骤，用户可以根据设计需要新建任意幅面、页数和版式的文档。

01 单击开始工作区中的【新建】按钮，或者执行【文件】|【新建】|【文档】命令，在打开的【新建文档】对话框中设置新建文档的各项页面参数。单击【出血和辅助信息区】可以设置出血位和辅助信息区的尺寸，如图1-29所示。

其中主要选项含义如下：

- 宽度和高度：根据需求设置文档的页面大小。
- 方向与装订：设置页面的方向和装订的方向。

图1-29

页面的方向与高度和宽度有关，当【高度】数值大于【宽度】数值时，页面方向会自动设置为纵向；当【宽度】数值大于【高度】数值时，页面会被自动设置为横向。

- 页面：设置文档的总页数。
- 对页：勾选该复选框可以建立跨页形式的页面，取消勾选则会建立单页形式的页面，如图1-30所示。
- 起点：设置文档第一个页面的页码序号。如果勾选了【对页】复选框，并且将【起点】参数设置为偶数，那么文档的第一个页面将变成跨页。
- 主文本框架：勾选该复选框，将创建一个与页边距尺寸相同的文本框架。

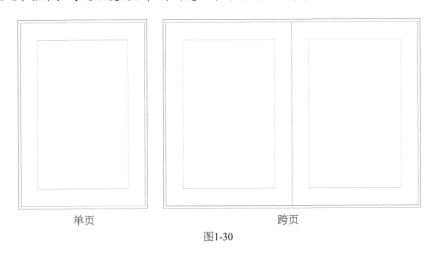

单页   跨页

图1-30

- 出血：出版物印刷好后需要裁切才能得到成品，裁切过程中一旦出现误差，成品上就会留下白边或者部分内容被裁剪掉。出血就是让页面上的有效内容向外延展一定尺寸，给裁切工序留出足够的公差，如图1-31所示。

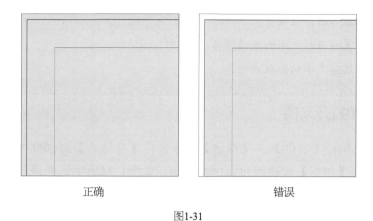

正确　　　　　　　　　　　　错误

图1-31

02 单击【边距和分栏】按钮，打开【新建边距和分栏】对话框，如图1-32所示。

图1-32

其中主要选项含义如下：

- 边距：设置页面上、下、左、右方向的留白大小。在版式设计中，页面四周的留白叫作周空。去除周空后，剩下用来容纳图文的部分叫作版心，如图1-33所示。

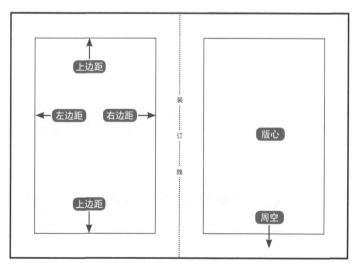

图1-33

- 栏数：设置版心的分栏数量。
- 栏间距：设置栏与栏之间的间隔距离。
- 排版方向：选择文本的排版方向。

1.5.2 存储和打开文档

新建文档后，执行【文件】|【存储】命令，在【存储为】对话框中输入文件名并选择保存路径，单击【保存】按钮就可以保存文档，如图1-34所示。如果不想覆盖已经保存过的文件，可以执行【文件】|【存储为】命令保存文档的副本。

图1-34

执行【文件】|【打开】命令，可以打开保存的文档、书籍或库文件。如果要打开最近编辑过的文档，执行【文件】|【最近打开文件】命令，在弹出的扩展菜单中就可以看到最近打开过的文档。

1.5.3 恢复文档

InDesign提供的自动恢复功能可以保证数据不会因为意外情况受损，自动恢复的数据位于一个临时文件中，该临时文件独立于原始文档文件。一般情况下，用户不需要考虑恢复数据的问题，因为正常存储文档时，自动恢复文件中的更新内容会被添加到原始文档中。只有出现意外断电或系统崩溃等故障而未成功保存文档的情况，自动恢复数据才非常重要。

重启计算机或InDesign后，如果存在自动恢复的数据，InDesign将自动打开恢复的文档，并且在文档标签的文件名中显示【恢复】字样，表明该文档包含尚未存储的更改。

执行以下操作可以恢复数据：

01 执行【文件】|【存储为】命令，指定保存路径和文件名后单击【存储】按钮，【恢复】一词将从标题栏中消失。

02 如果要放弃自动恢复的更改，请在不存储文件的情况下关闭恢复文档，然后打开原始文档。另外，还可以执行【文件】|【恢复】命令。

1.5.4　撤销错误操作

按Ctrl＋Z快捷键可以撤销上一步的操作，多次按下Ctrl＋Z快捷键可以依次撤销多个操作。多次按下Ctrl＋Shift＋Z快捷键可以将刚刚撤销的操作依次还原。

1.6

标尺和参考线

在排版过程中经常需要使用辅助工具来提高工作效率，下面就介绍几个常用辅助工具的使用方法。

1.6.1　标尺

在文档窗口的顶端和左侧各显示一条水平标尺和垂直标尺，它们的作用是定位和了解对象的位置或尺寸。

01 在任意一个标尺上单击鼠标右键，在弹出的快捷菜单中可以选择不同的显示单位，如图1-35所示。

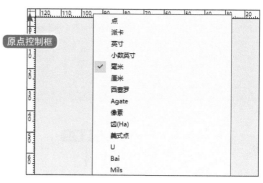

图1-35

02 编排文档的过程中，有时为了操作方便，需要改变标尺坐标系的原点。按住原点控制框并将光标拖动到文档窗口上，在合适的位置释放鼠标就能指定新的标尺原点。

03 双击原点控制框可以恢复系统默认的标尺原点。

1.6.2　参考线

参考线是具有位置属性的直线，可以选择和移动，但是无法被打印，主要作用是在版式布局时精确定位各种对象。

1．创建参考线

01 将鼠标移动到标尺上，按住鼠标拖动就能生成参考线。例如，要创建水平参考线，可以将光标移动到水平标尺上，然后按住鼠标沿着垂直方向拖动，如图1-36所示。

02 按住键盘上的Ctrl键，从原点控制框拖动鼠标可以同时创建水平参考线和垂直参考线。

图1-36

03 如果将鼠标拖动到页面内部，释放鼠标后参考线只会显示在当前页面上；如果将鼠标拖动到页面以外的区域，则会创建跨页参考线，如图1-37所示。

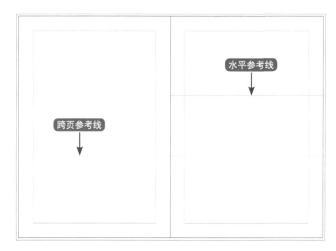

图1-37

创建参考线的第二种方法是执行【版面】|【创建参考线】命令，打开【创建参考线】对话框，如图1-38所示。

其中各主要选项含义如下：

图1-38

- 行数：设置水平参考线的行数。
- 行间距：设置水平参考线之间的距离。
- 栏数：设置垂直参考线的栏数。
- 栏间距：设置垂直参考线之间的距离。

- 边距：根据版心尺寸均匀分布参考线。
- 页面：根据页面尺寸均匀分布参考线。
- 移去现有标尺参考线：生成新参考线的同时删除文档中原有的参考线。

2. 删除和锁定参考线

要对参考线进行删除、锁定等操作，首先要选择参考线，然后激活工具箱中的【选择工具】▶，再单击页面上的参考线即可将其选中，按Ctrl＋Alt＋G快捷键可以选中页面上所有的参考线。

01 选中参考线后，按键盘上的Delete键就能将其删除。

02 执行【对象】｜【锁定】命令可以将选中的参考线锁定，锁定的参考线仍然可以选取，但是将不能被移动。

03 解除参考线锁定状态的方法是执行【对象】｜【解锁跨页上的所有内容】命令。

1.7 变换和复制对象

变换对象和复制对象都是InDesign中的常用操作，所谓变换对象就是调整图形、文字等对象的大小、位置和角度。

1.7.1 变换对象

01 执行【文件】｜【打开】命令，打开附赠素材中的【实例\第1章\实例01\开始.indd】文件。选中页面上的矩形，矩形周围会出现包含数个控制点的框架，在框架内部按住鼠标拖动就可以移动矩形的位置，如图1-39所示。

02 在【属性】面板中，通过【X】和【Y】参数可以精确控制矩形的坐标，如图1-40所示。

图1-39   图1-40

　　移动对象时，按住Shift键可以将移动方向锁定为水平、垂直或对角。使用键盘上的方向键也可以移动形状，使用方向键移动形状时，按住Shift键可以一次移动原来10倍的距离。

03 拖动框架四角的控制点可以同时沿着两个轴向缩放矩形。拖动边线中心的控制点，可以沿着一个轴向缩放矩形，如图1-41所示。按住Shift键拖动控制点可以等比例缩放矩形。

04 在【属性】面板中单击【变换】选项组中的•••按钮，通过【X缩放百分比】→和【Y缩放百分比】↓参数可以精确控制缩放比例，如图1-42所示。

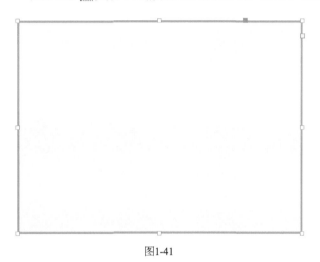

图1-41

图1-42

　　在默认设置下，【X缩放百分比】和【Y缩放百分比】参数锁定在一起，只需改变一个参数，另一个参数也会随之改变。单击⌗按钮解除参数的锁定，就可以沿着一个轴向缩放矩形。

05 将光标移动到四角控制点的外侧，变成↰显示时可以旋转矩形，如图1-43所示。旋转矩形时按住Shift键，可以将旋转角度锁定为45°的倍数。

06 在【属性】面板中，通过【旋转角度】参数可以精确控制矩形的旋转角度，单击⟳和⟲按钮可以将矩形旋转90°。

07 在InDesign中，所有对象的变换操作都是围绕着参考点进行的，单击参考点定位器上的一个点，这个点就会成为变换操作的基准，如图1-44所示。

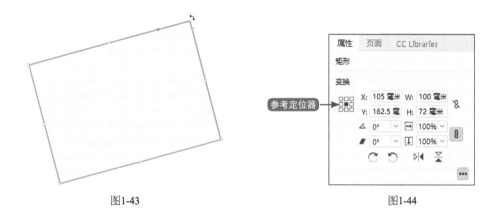

图1-43   图1-44

08 移动对象时，选定的参考点是相对坐标的原点；缩放对象时，选定的参考点是位置固定的端点；旋转对象时，选定的参考点是旋转的轴心，如图1-45所示。

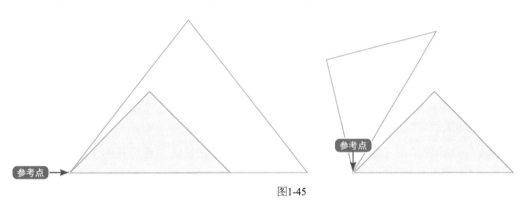

图1-45

1.7.2 复制对象

01 执行【文件】|【打开】命令，打开附赠素材中的【实例\第1章\实例02\开始.indd】文件。选中页面上的圆形，按住键盘上的Alt键移动形状，释放鼠标后就可以复制一个圆形。

　　复制对象的快捷键是Ctrl+C和Ctrl+V。如果想原地复制形状，可以按下Ctrl+C快捷键后在页面的空白位置单击鼠标右键，在弹出的快捷菜单中执行【原位粘贴】命令。

02 执行【编辑】|【多重复制】命令，在【多重复制】对话框中勾选【预览】复选框，设置【计数】参数为2，【水平】参数为57毫米，如图1-46所示。单击【确定】沿着水平方向复制两个圆形，结果如图1-47所示。

03 在【多重复制】对话框中勾选【创建为网格】复选框，设置【列】参数为3，【垂直】参数为57毫米，如图1-48所示。

04 单击【确定】按钮以矩形阵列的方式一次性复制多个圆形，如图1-49所示。

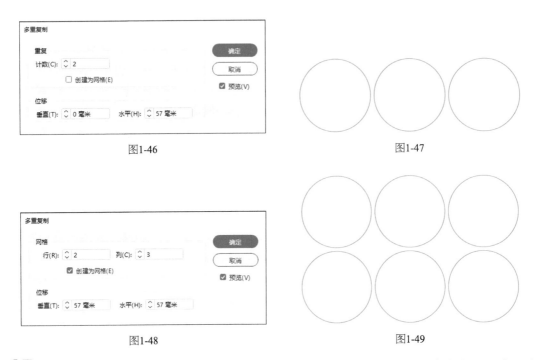

图1-46 图1-47

图1-48 图1-49

05 只留下一个圆形，在【属性】面板中修改【H】参数为75毫米，将参考点设置为下方中央，如图1-50所示。

06 按住键盘上的Alt键单击【属性】面板上的【旋转角度】按钮△，在打开的【旋转】对话框中设置【角度】参数为20°，单击【复制】按钮复制一个椭圆形，然后单击【确定】按钮将对话框关闭，如图1-51所示。

每按一下Ctrl＋Alt＋4快捷键就可以重复一次旋转复制操作，多次进行旋转复制操作，结果如图1-52所示。

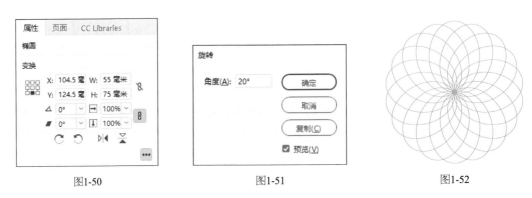

图1-50 图1-51 图1-52

对齐和分布对象

1.8

页面上创建了很多对象时，就需要使用对齐和分布工具快速且精确地调整对象之间的位置关系。

1.8.1 对齐对象

01 执行【文件】|【打开】命令，打开附赠素材中的【实例\第1章\实例03\开始.indd】文件，效果如图1-53所示。

02 使用框选的方式选取页面上的三个图形，在【属性】面板的【对齐】选项组中单击【垂直居中对齐】按钮，选中对象的中线就会处于一条水平线上，如图1-54所示。

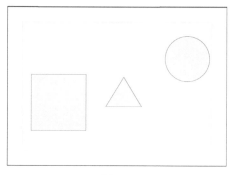

图1-53

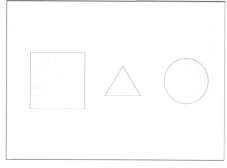

图1-54

03 单击一下圆形，圆形的轮廓变成蓝色加粗显示，表示该对象被设置为关键对象，如图1-55所示。

04 单击【属性】面板中的【顶对齐】按钮，矩形和三角形的框架上边线会与圆形的框架上边线对齐，如图1-56所示。

图1-55

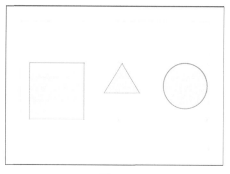

图1-56

05 单击【对齐】选项组中的按钮，在弹出的菜单中选择【对齐边距】，单击【底对齐】按钮，选中对象的框架下边线就会对齐到下边距上，如图1-57所示。

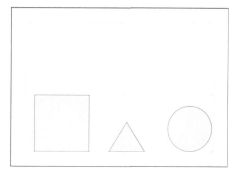

图1-57

1.8.2 分布对象

与对齐工具不同，分布工具会按照对象之间的距离分配对象。要想使分布工具生效，至少在页面上选取三个对象。

01 继续前面的实例。在【属性】面板的【对齐】选项组中将对齐基准设置为【对齐选区】
⬚⬚，单击【分布对象】选项组中的【按左分布】按钮▎▌▐，就会以选中对象的框架左边线为基准，等距离分布选中的对象，如图1-58所示。

02 将对齐基准设置为【对齐边距】▐▌，再次单击【按左分布】按钮▎▌▐，将选中对象的框架左边线对齐的同时，还会将矩形和圆形的框架对齐到页边距上，如图1-59所示。

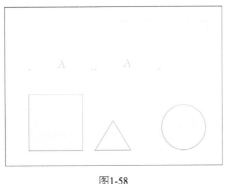

图1-58

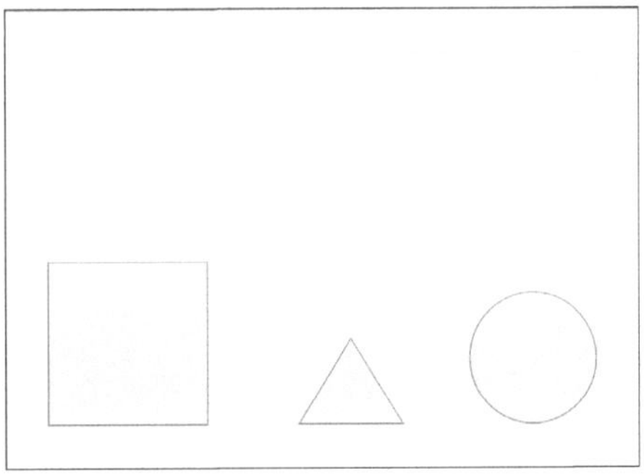

图1-59

03 单击【分部间距】选项组中的【水平分布间距】按钮👣，选中的对象之间都会间隔相同的距离，如图1-60所示。

04 在【属性】面板中勾选【使用间距】复选框，在后面的文本框中可以设置对象之间的间隔距离，如图1-61所示。

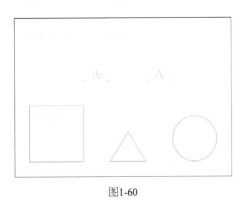

图1-60

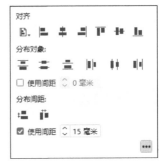

图1-61

上机实践

1.9

下面通过一个实例学习使用InDesign编排文档的基本流程，实例效果如图1-62所示。

图1-62

01 单击开始工作区中的【新建】按钮，在打开的【新建文档】对话框中设置【宽度】为190
毫米，【高度】为250毫米，如图1-63所示。

图1-63

02 190mm×250mm是常用的海报尺寸，如果以后经常需要制作海报，可以单击 ![download]按钮，输
入预设名称后单击【保存预设】，如图1-64所示。

图1-64

03 下次需要制作海报时，只要在【已保存】选项卡中单击预设模板即可，这样可以节省很多重复的设置操作，如图1-65所示。

图1-65

04 单击【边距和分栏】按钮，打开【新建边距和分栏】对话框。取消 🔒 按钮的激活，然后设置【上】和【下】参数为18毫米，【内】和【外】参数为20毫米，单击【确定】按钮生成文档，如图1-66所示。

图1-66

05 执行【窗口】|【颜色】|【色板】命令，双击【色板】面板中的蓝色色板，在【色板选项】对话框中设置CMYK＝0、0、0、30，单击【确定】按钮完成设置，如图1-67所示。

06 继续双击洋红色色板，设置CMYK＝45、60、80、0；双击黄色色板，设置CMYK＝0、15、90、0，如图1-68所示。

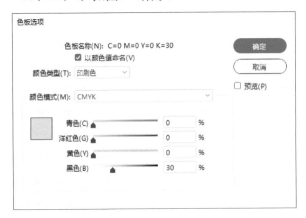

图1-67

图1-68

07 执行【窗口】|【样式】|【字符样式】命令，单击【字符样式】面板下方的🗅按钮新建一个样式，如图1-69所示。

08 双击新建的样式打开【字符样式选项】对话框，单击【基本字符格式】选项，在【字体系列】下拉列表中选择【思源宋体】，在【字体样式】下拉列表中选择【Regular】，设置【大小】为9点，单击【确定】按钮完成设置，如图1-70所示。

图1-69

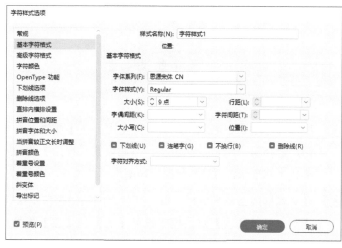

图1-70

09 单击工具箱中的【矩形框架工具】按钮⊠，捕捉红色的出血线，在页面上创建一个满版的占位符，如图1-71所示。

10 执行【文件】|【置入】命令，在打开的【置入】对话框中双击附赠素材中的【实例\第1章\实例03\001.jpg】图像。在【属性】面板中单击【框架适应】选项组中的【按比例填充框架】按钮▣，结果如图1-72所示。

图1-71

图1-72

11 单击工具箱中的【文字工具】按钮**T**，在页面上拖动鼠标创建一个文本框架，然后在文本框架中输入文字，如图1-73所示。

12 选中第一行文本，在【属性】面板中设置【字体大小】为20点；选中第二行文本，设置【字符间距】为100，结果如图1-74所示。

图1-73

图1-74

13 按键盘上的Esc键退出文本编辑模式，在【属性】面板中单击【外观】选项组中的□按钮，选择第一个自定义色板，然后设置【描边】为1点。在【变换】选项组中设置【W】参数为38毫米，【H】参数为16毫米，如图1-75所示。

14 在文本框架上单击鼠标右键，在弹出的快捷菜单中执行【文本框架选项】命令，在打开的【文本框架选项】对话框中设置【上】和【左】参数均为2毫米，单击【确定】按钮完成设置，如图1-76所示。

图1-75

图1-76

15 将文本框架对齐到页边距的左上角。使用鼠标右键单击工具箱中的【文字工具】按钮 T，在弹出的扩展按钮中激活【直排文字工具】按钮 ↓T，在页面上创建一个文本框架后输入文字。

16 将新建的文本框架对齐到第一个文本框架的下方，选取文本框架中的所有文本，在【属性】面板中设置【字体样式】为【Medium】，【字体大小】为100点，设置【填色】为第二个自定义色板，结果如图1-77所示。

17 继续在【属性】面板中设置【字符间距】为200，在【段落】选项组中单击【居中对齐】按钮 ≡，如图1-78所示。

图1-77

图1-78

18 在文本框架上单击鼠标右键，在弹出的快捷菜单中执行【文本框架选项】命令，在打开的【对齐】下拉列表中选择【下】，单击【确定】按钮完成设置，结果如图1-79所示。

19 单击工具箱中的【直排文字工具】按钮↓T，在页面的左下角创建一个文本框架并输入文字。选中所有文字，在【属性】面板中设置【行距】为15点，【字符间距】为180，如图1-80所示。

图1-79

图1-80

20 在文本框架上单击鼠标右键，在弹出的快捷菜单中执行【文本框架选项】命令。在【对齐】下拉列表中选择【下】，单击【确定】按钮完成设置，结果如图1-81所示。

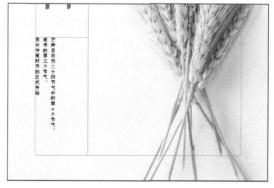

图1-81

21 在页面的任意位置创建一个文本框架，执行【文字】|【字形】命令，在打开的【字形】对话框的左下角选择【Adobe宋体】，找到并双击波浪线字符，如图1-82所示。

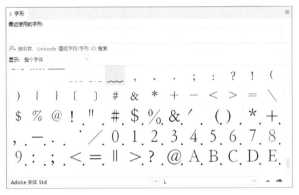

图1-82

22 在【属性】面板中设置字形的【字体大小】为55点，设置【填色】为黄色色板。执行【文字】|【创建轮廓】命令将字形转换为图形。在【属性】面板中单击【变换】选项组中的 按钮翻转图形，然后将图形移动到图1-83所示的位置。

23 执行【编辑】|【多重复制】命令，在【多重复制】对话框中设置【计数】参数为2，【垂直】参数为2.1毫米，单击【确定】按钮完成设置，如图1-84所示。

图1-83

图1-84

24 在文档窗口的空白位置单击鼠标右键，在弹出的快捷菜单中执行【显示性能】|【高品质显示】命令。单击应用程序栏中的【屏幕模式】按钮，执行【预览】命令查看编排完成的效果，如图1-85所示。

图1-85

第 2 章

文本与段落

作为一款排版软件，InDesign具有强大的文本编排功能，用户可以利用多种工具，方便灵活地创建和处理文本。特别是在编排手册、报纸、图书等包含大量文本的文档时，InDesign专业、高效的优势体现得尤为明显。

创建文本

2.1

InDesign中的文本全部位于被称为文本框架的容器内，而文本框架又分为框架网格和纯文本框架两种类型。框架网格是亚洲语言排版特有的文本框架类型，纯文本框架则是不显示任何网格的空文本框架。

2.1.1 创建纯文本框架

InDesign提供了多种文本创建工具，使用这些工具不但可以在文本框架和图形内部创建文本，而且能在任意形状的路径上输入文字。

下面通过一个实例讲解创建文本的具体步骤，效果如图2-1所示。

01 执行【文件】|【打开】命令，打开附赠素材中的【实例\第2章\实例01\开始.indd】文件，效果如图2-2所示。

02 在工具箱中选择【文字工具】T，在页面上按住鼠标拖动创建文本框架，释放鼠标后即可输入文字，如图2-3所示。

图2-1

图2-2

图2-3

创建文本框架时，按住Shift键拖动鼠标可以生成正方形文本框架；按住Alt键拖动鼠标可以从文本框架的中心向四周创建。

03 在文本框架中按住鼠标拖动选中所有文本，在【属性】面板中设置【填色】为CMYK＝86、57、42、1，设置【字体】为【华康手札体】，设置【字体大小】为67点，如图2-4所示。

04 在工具箱中激活【选择工具】▶，执行【对象】｜【适合】｜【使框架适合内容】命令，然后将文本框架移动到图2-5所示的位置。

图2-4

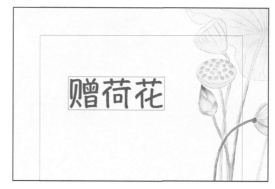

图2-5

05 在工具箱中选择【直排文字工具】↓T，在页面上创建一个文本框架后输入诗的作者。在【属性】面板中设置【填色】为CMYK＝12、50、22、0，设置【字体】为【阿里巴巴普惠体】，【字体样式】为【Medium】，继续设置【字体大小】为14点，设置【字符间距】为200，如图2-6所示。

06 在工具箱中激活【选择工具】▶，将新建的文本框架移动到诗题的右下方，结果如图2-7所示。

图2-6

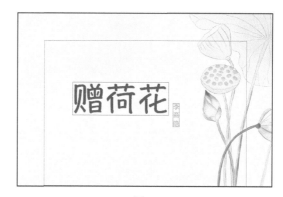

图2-7

2.1.2 创建框架网格

在工具栏中选择【水平网格工具】▦或【垂直网格工具】▥，在文档中按住鼠标拖动，就可以创建网格框架。

框架网格与文本框架的区别主要体现在三个方面。第一，框架网格中的字符、全角字框和间距都显示为网格，纯文本框架则没有任何网格；第二，框架网格包含字符属性设置，这些预设的字符属性可以应用到置入的文本上，而纯文本框架没有字符属性设置；第三，框架网格具有字数统计功能，在框架网格底部可以查看文章或选区的字数。

01 继续前面的实例，在工具箱中选择【水平网格工具】▦，在页面上拖动鼠标绘制一个16W×3L的网格框架，如图2-8所示。

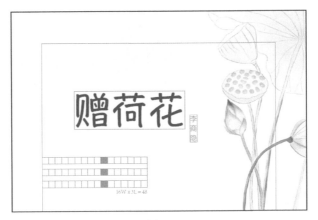

图2-8

02 执行【对象】|【框架网格选项】命令，打开【框架网格】对话框。设置【字体】为【阿里巴巴普惠体】，【字体样式】为【Regular】，继续设置【大小】参数为20点，【行间距】参数为50点。在【行对齐】下拉列表中选择【居中】，单击【确定】按钮完成设置，如图2-9所示。

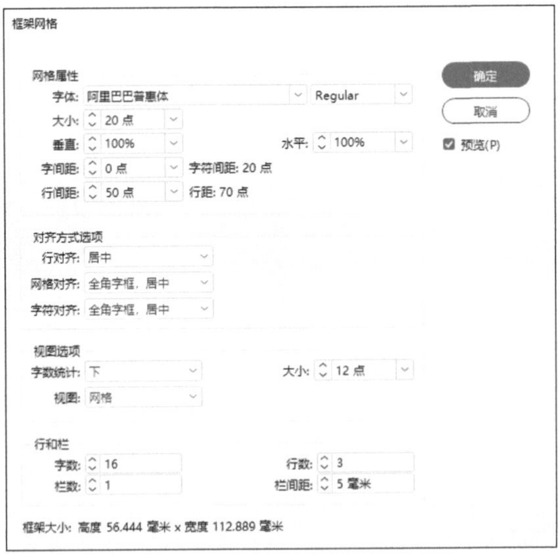

图2-9

03 在网格框架中输入诗文，选中所有文字，在【属性】面板中设置【填色】为CMYK＝86、57、42、1。在工具箱中激活【选择工具】▶，将网格框架移动到图2-10所示的位置完成实例的制作。

图2-10

2.1.3 文本框架间的转换

选中网格框架后执行【对象】|【框架类型】|【文本框架】命令，网格框架就被转换成文本框架。

使用同样的方法，选中文本框架后，执行【对象】|【框架类型】|【框架网格】命令可以将文本框架转换成框架网格。

2.1.4 创建路径文本

使用【路径文字工具】和【垂直路径文字工具】都可以沿着选定的路径创建文本。不同的是【路径文字工具】创建的文字基线和路径平行，而【垂直路径文字工具】创建的文字基线和路径垂直，如图2-11所示。

路径文字　　　　　　　　　　　　　　垂直路径文字

图2-11

下面通过一个实例讲解路径文本的设置方法，实例效果如图2-12所示。

图2-12

01 执行【文件】|【打开】命令，打开附赠素材中的【实例\第2章\实例02\开始.indd】文件，效果如图2-13所示。

02 在工具箱中选择【椭圆工具】◯，在页面上单击鼠标打开【椭圆】对话框，设置【宽度】为126毫米，【高度】为122毫米，单击【确定】按钮创建图形。激活工具箱中的【选择工具】▶，将椭圆移动到图2-14所示的位置。

图2-13

图2-14

03 在【属性】面板中设置椭圆的【填色】为【无】，【描边】为【纸色】，继续设置【描边】为1.5点，【类型】为【圆点】，如图2-15所示。

04 在工具箱中选择【路径文字工具】✎。将光标移动到椭圆上，光标变成 ♣ 显示时单击鼠标，然后输入文本，如图2-16所示。

图2-15   图2-16

05 选择路径上的所有文本，在【属性】面板中设置【填色】为【纸色】，【字体】为【思源黑体】，【字体样式】为【Normal】，设置【字体大小】为15点，【基线偏移】为8，如图2-17所示。

06 在工具箱中激活【选择工具】▶，拖动路径上的开始标记和结束标记，就可以改变路径的起始位置和结束位置，如图2-18所示。

图2-17   图2-18

07 执行【文字】|【路径文字】|【选项】命令，打开【路径文字选项】对话框，如图2-19所示。

图2-19

其中各主要选项含义如下：

- 彩虹效果：让字符基线的中心与路径的切线平行。
- 倾斜：字符的垂直边缘始终保持竖直，而字符的水平边缘遵循路径方向。
- 3D带状效果：字符的水平边缘始终保持水平，而字符的垂直边缘与路径垂直。
- 阶梯效果：在不旋转字符的前提下，使字符的左边缘始终位于路径上。
- 重力效果：字符基线的中心始终位于路径上，垂直边缘与路径的中心点位于同一直线上。
- 翻转：翻转字符的方向。
- 对齐：选择路径与字框或基线的对齐方式。
- 到路径：如果路径有描边，选择【上】选项表示将路径对齐到描边的顶边；选择【下】选项表示将路径对齐到描边的底边；选择【居中】选项表示将路径对齐到描边的中央。
- 间距：调整字符之间的距离。

将路径文本中间的竖线拖动到形状内侧也可以翻转路径文本的方向。单击位置竖线旁边的方框，然后在页面的空白位置单击就能把文本从路径中分离出来，如图2-20所示。

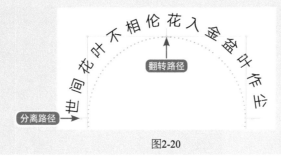

图2-20

08 设置【间距】为-25，单击【确定】按钮完成实例的制作，如图2-21所示。

图2-21

2.1.5 编辑文本框架

使用InDesign编排文档时，经常需要设置文本框架的分栏、内边距等属性。下面通过一个实例详细了解编辑文本框架属性的方法，效果如图2-22所示。

图2-22

01 执行【文件】｜【打开】命令，打开附赠素材中的【实例\第2章\实例03\开始.indd】文件，效果如图2-23所示。

02 单击工具箱中的【文字工具】按钮**T**，在页面上创建一个文本框架，在【属性】面板中设置【W】参数为156毫米，【H】参数为78毫米，如图2-24所示。

图2-23

图2-24

03 在文本框架中输入文本，选中所有文本后在【属性】面板中设置【填色】为【纸色】，【字体】为【思源黑体】，【字体样式】为【Regular】，继续设置【字体大小】为16点，【行距】为34点，如图2-25所示。

图2-25

04 在工具箱中激活【选择工具】▶，执行【对象】|【文本框架选项】命令，打开【文本框架选项】对话框，如图2-26所示。

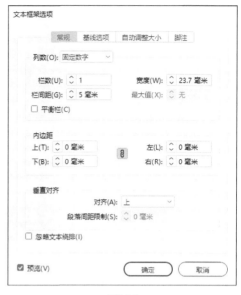

图2-26

其中各主要选项的含义如下：

- 固定数字：通过【宽度】参数控制每个分栏的宽度，调整文本框架的大小时，栏宽也会随之改变。
- 固定宽度：调整文本框架的大小时，会增加或减少栏数，但栏宽始终保持不变。
- 弹性宽度：调整文本框架的大小时，如果达到【最大值】参数控制的宽度，则自动添加或删除栏。
- 栏数：设置文本框架的分栏数量。
- 栏间距：设置栏与栏之间的距离。
- 宽度：设置栏的宽度。
- 平衡栏：勾选后多栏文本框架底部的文本会均匀分布。
- 内边距：设置文本与框架间的距离。
- 垂直对齐：设置文本与文本框架在垂直方向的对齐方式。
- 忽略文本绕排：勾选后当前的文本框架将不受文本绕排的影响。

05 设置【栏数】为2，【栏间距】为20毫米，勾选【平衡栏】复选框后单击【确定】按钮，如图2-27所示。

06 文本框架和框架中的字符可以分别编辑。选中文本框架中的一个字符，通过【属性】面板中的【字符旋转】参数可以单独旋转这个字符，如图2-28所示。

图2-27

图2-28

07 在工具箱中激活【选择工具】▶，选中文本框架后，在【属性】面板中单击【变换】选项组中的•••按钮。调整【旋转角度】参数，可以让文本框架中的所有文本一起旋转，如图2-29所示。

图2-29

串接文本

2.2

InDesign中的文本框架可以相互连接，相互连接的文本框架既可以位于同一页面或跨页，也可以位于文档的其他页面，从而实现连续排文的效果。在文本框架之间连接文本的过程叫作串接文本。

每个文本框架都包含一个入口和一个出口，空白的入口或出口分别表示文章的开头或结尾。端口中的箭头表示该框架链接到另一个框架。出口中的红色加号⊞表示该文本框架中包含因为容纳不下而被隐藏起来的文本，这些隐藏起来的文本被称为溢流文本，如图2-30所示。

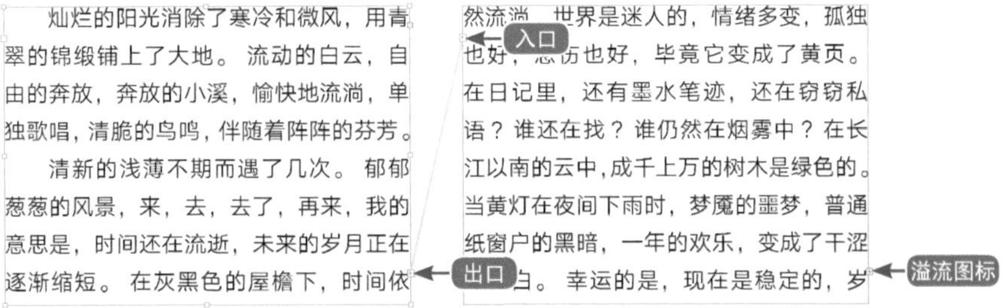

图2-30

2.2.1 创建串接文本

串接文本的方法有很多种，这里主要介绍手动排位、半自动排文和自动排文3种串接文本的方法。

1. 手动排文

单击文本框架上的溢出文本标志，在页面的空白位置或其他页面拖动鼠标就可以创建串接文本框架。

2. 半自动排文

单击溢出文本标志后按住Alt键，在页面的空白位置每单击一下鼠标就会生成一个串接文本框架。这种方法的好处是可以连续创建串接文本框架，不必每次都单击溢出文本标志。

3. 自动排文

编排图书等长文档时往往需要导入上百页的Word文档，遇到这种情况时，可以单击溢出文本标志后按住Shift键，在文本框架以外的任意位置单击鼠标，系统会自动创建新的页面并且在新页面上生成串接文本框架，直到所有内容全部显示为止。

另外一种自动排文方法是按住Shift＋Alt快捷键，在文本框架以外的任意位置单击鼠标，系统会在文档已有的页面上生成串接文本框架。

下面通过一个实例具体介绍创建串接文本的操作方法，实例效果如图2-31所示。

图2-31

01 执行【文件】|【打开】命令，打开附赠素材中的【实例\第2章\实例04\开始.indd】文件，效果如图2-32所示。

02 继续打开附赠素材中的【实例\第2章\实例04\文稿.txt】文件，复制里面的全部文本。返回到InDesign，双击页面2上的文本框架进入编辑模式，按Ctrl＋V快捷键粘贴文本，如图2-33所示。

03 单击文本框架右下角的溢流文本标志⊞，在页面2上拖动鼠标创建串接文本框架，如图2-34所示。

图2-32　　　　　　　　　　　　　图2-33

04 继续单击新建文本框架右下角的溢流文本标志⊞，按住键盘上的Alt键，分别单击页面3上的两个文本框架进行串接操作，结果如图2-35所示。

图2-34　　　　　　　　　　　　　图2-35

05 选中任意一个文本框架，执行【视图】|【其他】|【显示文本串接】命令，页面上会显示出文本框架之间的链接关系，如图2-36所示。

图2-36

2.2.2 取消文本串接

既然文本框架可以串接到一起，同样也可以取消文本框架的连接。取消文本框串接的方法是选中需要取消链接的文本框架，在文本框架的出口上双击，即可取消文本框架之间的串接。另外，剪切-粘贴文本框架操作也会断开文本框架之间的串接。

选中一个串接文本框架，按键盘上的Delete键就能将这个文本框架删除。删除一个串接文本框架后，被删除文本框架中的文本将回流到下一个文本框架中。

置入文本

2.3

InDesign可以从Word、Excel、TXT等文档中导入文字、图片、表格等内容，编排长文档时经常需要使用这项功能。

2.3.1 置入Word文档

在InDesign中导入Word文档时，既可以将Word的文本样式直接套用到InDesign中，也可以导入纯文本。下面通过实例介绍置入Word文本的方法，实例效果如图2-37所示。

01 执行【文件】|【打开】命令，打开附赠素材中的【实例\第2章\实例05\开始.indd】文件，效果如图2-38所示。

图2-37

图2-38

02 执行【文件】|【置入】命令，打开【置入】对话框，如图2-39所示。

其中各主要选项含义如下：

- 显示导入选项：开启后，置入文档前会打开置入选项对话框，否则将按照默认的设置置入文档。

- 替换所选项目：开启后，置入的文档会替换页面上选择的对象。
- 创建静态题注：开启后，将为置入的图片添加静态题注。
- 应用网格格式：开启后，置入的文本将包含在框架网格中；取消复选框的勾选，置入的文本将包含在文本框架中。

03 在【置入】对话框中勾选【显示导入选项】复选框，并取消【应用网格格式】复选框的勾选，然后选中附赠素材中的【第2章\实例05\会议议程.docx】文件，如图2-40所示。

图2-39   图2-40

04 单击【打开】按钮，打开【Microsoft Word导入选项】对话框，如图2-41所示。

其中各主要选项含义如下：

- 包含：选择是否置入Word文件中的目录、脚注、索引文本和尾注。
- 使用弯引号：开启后，可以将Word文本中的西文引号转换成中文格式引号。
- 移去文本和表的样式和格式：导入不带任何格式的纯文本。
- 保留文本和表的样式和格式：保留Word文档中的样式设置。
- 导入随文图：开启后可以导入Word文档中的图片；取消勾选将仅导入文本。

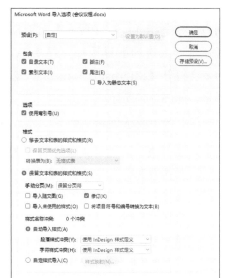

图2-41

- 导入未使用的样式：勾选后会导入Word文档中的所有样式设置，包括没有使用的样式。
- 自动导入样式：当字符样式和段落样式的名称相同时，可以使用这里的选项决定使用Word文档样式还是InDesign样式。

05 单击【确定】按钮，捕捉页边距创建文本框架就完成了Word文本和样式的导入，如图2-42所示。

图2-42

2.3.2 置入Excel文档

置入Excel文档的方法和置入Word文档的方法完全相同，在【置入】对话框中勾选【显示导入选项】复选框，导入Excel文档前就会打开【Microsoft Excel导入选项】对话框，如图2-43所示。

其中各主要选项含义如下：

- 工作表：在下拉列表中选择需要导入的工作表。

- 视图：在下拉列表中选择是否导入自定义的视图。

图2-43

- 单元格范围：设置导入单元格的范围，例如【A1：G10】表示仅导入单元格A1至单元格G10的数据，如图2-44所示。

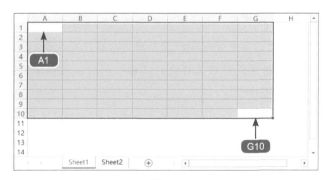

图2-44

- 导入视图中未保存的隐藏单元格：勾选后将导入文档中的所有表格，包括隐藏的单元格。
- 表：选择表格信息的显示方式。
- 表样式：将选定的InDesign表样式设置应用到导入的Excel表格上。
- 单元格对齐方式：选择导入单元格的对齐方式。

2.4 格式化字符

字符格式是指文字的字体、字号、粗体、斜体、加下画线等属性。在排版工作中需要对文字进行各种形式的编排，特别是字符格式的设置在很大程度上决定了版式的效果。在InDesign中设置字符格式的方法有很多，既可以在【属性】面板和【控制】面板中设置，也可以执行【窗口】｜【文字和表】｜【字符】命令，打开【字符】面板。

下面通过实例详细讲解，实例效果如图2-45所示。

图2-45

01 执行【文件】｜【打开】命令，打开附赠素材中的【实例\第2章\实例06\开始.indd】文件，效果如图2-46所示。

图2-46

02 在工具箱中选择【文字工具】T，捕捉页边距创建一个文本框架后输入英文标题，如图2-47所示。

图2-47

03 执行【窗口】|【文字和表】|【字符】命令打开【字符】面板，如图2-48所示。

其中主要选项含义如下：

- 字体：字体可以分为衬线体、等线体、艺术体等类型，在【字体】面板中单击▼按钮，就可以方便地查找某种类型的字体，如图2-49所示。

- 字体样式：很多字体都包含综合了粗细、字幅、直斜变化而设计的多款变体，从而形成了一个字体系列。同一字体系列的各种变体被称为字体样式。

图2-48

- 字体大小：我们有号制和点制两种字体大小规格，InDesign中的字体大小规格使用的是点制，也就是Word中的"磅"。

- 行距：设置相邻行文字间的垂直距离。

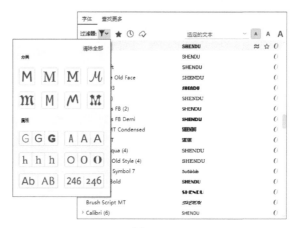

图2-49

- 水平/垂直缩放：通过对字符的宽度和高度进行挤压或扩展，创建缩小或扩大比例的文字。

- 字偶间距：增加或减少特定字母组合之间的距离，主要用于调整罗马字符。

- 字符间距：增加或减少字符之间的距离。

- 比例间距：按照百分比调整字符之间的距离。

- 网格指定格数：该参数在框架网格中才能产生作用。假设将3个字符的网格指定格数设置为5，那么这3个字符将均匀地分布在包含5个字符空间的网格中。
- 基线偏移：相对于周围文本的基线上下移动字符，如图2-50所示。

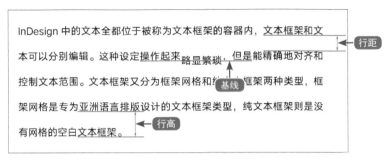

图2-50

- 字符旋转：调整选中字符的角度。
- 倾斜：让字符按任意角度倾斜，可以解决部分字体无斜体样式的问题。
- 字符前/后挤压间距：在每个字符前后插入全角空格。

04 选中所有文字，在【属性】面板中设置【填色】为【纸色】，在【字符】面板中设置【字体】为【思源黑体】，【字体样式】为【Regular】。继续设置【字体大小】为100点，如图2-51所示。

05 激活工具箱中的【移动工具】 ▶，按住键盘上的Alt键复制一个文本框架。选中复制文本框架中的所有文字，在【字符】面板中设置【字体样式】为【Medium】，【字体大小】为34点，【行距】为44点。

图2-51

06 修改文本的内容，然后将文本框架移动到如图2-52所示的位置。

图2-52

07 再次复制两个文本框架，使用相同的方法修改字体大小、字体样式、行距和文本的内容，结果如图2-53所示。

图2-53

格式化段落

格式化字符针对的是文字，而格式化段落针对的则是整个段落。在【属性】面板和【段落】面板中都提供完整的格式化段落选项，如图2-54所示。

图2-54

其中各主要选项含义如下：

- 左/右缩进：使整个段落左侧或右侧向内移动。
- 首行左缩进：使每段的第一行左侧向内移动。
- 强制行数：以基线网格为基准设置行的高度，通常用来设置标题与正文的距离。
- 段前/段后间距：调整段落与段落间的距离。
- 首字下沉行数：让段首第一个文字的字体变大，并且下沉一行或多行。
- 首字下沉一个或多个字符：增大数值让段首的更多字符产生下沉。

01 继续前面的实例。选中图2-55所示的文本，在【段落】面板中单击【全部强制双齐】按钮 ，设置【左缩进】和【右缩进】参数均为15px。

图2-55

02 选中图2-56所示的文本，勾选【底纹】复选框，然后设置【底纹颜色】为红色。

图2-56

03 单击【段落】面板右上角的≡按钮，在弹出的菜单中选择【段落边框和底纹】。

04 在【段落边框和底纹】对话框中单击【底纹】选项，设置【色调】为80%，【转角大小】为5px，【转角形状】为【圆角】。继续设置【位移】选项组中的【上】和【下】为8px，【左】和【右】为12px，如图2-57所示。单击【确定】按钮完成设置。

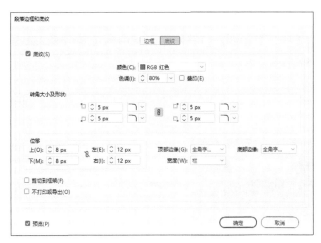

图2-57

2.6 中文排版规则

用户进行中文排版时需要注意很多规则。比如，标点符号不能出现在一行之首；成对标点前一半不出现在一行之末，后一半不出现在一行之首；单字不能成行等。这里介绍一下如何在InDesign中解决这些中文排版问题。

2.6.1 设置首行缩进

段落首行缩进是为了阅读方便。虽然【段落】面板中提供了【首行左缩进】参数，但是每个段落的字号不一定相同，而且字号的单位是点，缩进的单位是毫米，所以在实际工作中很难让所有段落严格缩进两个字符。

下面通过一个实例讲解正确设置首行缩进的方法，效果如图2-58所示。

图2-58

01 执行【文件】|【打开】命令，打开附赠素材中的【实例\第2章\实例07\开始.indd】文件，效果如图2-59所示。

图2-59

02 执行【窗口】|【文字和表】|【段落】命令，打开【段落】面板。在【标点挤压设置】下拉列表中选择【基本】，如图2-60所示。

03 在打开的【标点挤压设置】对话框中单击【新建】按钮，设置【名称】为【首行缩进】后单击【确定】按钮创建标点挤压集，如图2-61所示。

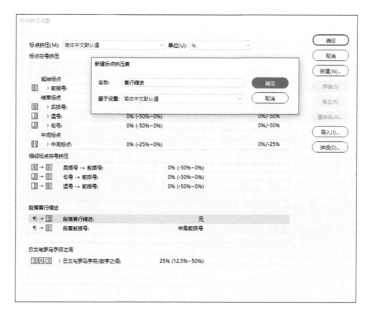

图2-60   图2-61

04 单击【段落首行缩进】右侧的【无】，在弹出的列表中选择【2个字符】，单击【存储】
按钮后单击【确定】按钮完成设置，如图2-62所示。

05 双击任意一个文本框架，按Ctrl＋A快捷键选择所有文本。在【段落】面板的【标点挤压
设置】下拉列表中选择【首行缩进】完成实例的制作，如图2-63所示。

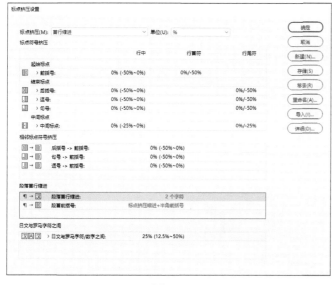

图2-62   图2-63

2.6.2 避头尾

在中文排版中，句号、逗号和顿号等标点符号不出现在一行之首。分隔号不出现在一

行之首或一行之末。成对标点前一半不出现在一行之末，后一半不出现在一行之首。破折号、省略号不能中间断开。一旦在排版中遇到上述问题，就要利用避头尾设置解决。

在默认设置下，InDesign会自动为段落应用简体中文避头尾设置。如果默认设置无法满足要求，可以在【段落】面板的【避头尾设置】下拉菜单中选择【设置】，打开【避头尾规则集】对话框，如图2-64所示。单击【新建】按钮创建一个规则集，就可以自定义避头尾规则。

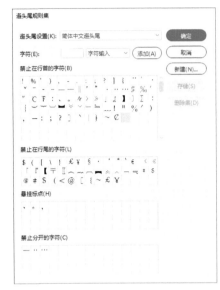

图2-64

2.6.3 标注拼音

中文排版还会涉及汉语拼音的问题，作为一款专业的排版软件，InDesign自然会提供这方面的功能。下面通过实例详细讲解制作的过程，实例效果如图2-65所示。

图2-65

01 执行【文件】|【打开】命令，打开附赠素材中的【实例\第2章\实例08\开始.indd】文件，效果如图2-66所示。

02 选中诗文的第一个段落，执行【窗口】|【文字和表】|【字符】命令，打开【字符】面板。单击面板右侧的 ≡ 按钮，在弹出的菜单中选择【拼音】|【拼音】命令，打开【拼音】对话框，如图2-67所示。

图2-66

图2-67

其中各主要选项含义如下：

- 逐字加注：输入拼音字符时用一个空格进行分隔，以便与对应的正文字符对齐。
- 按词组加注：让拼音字符均匀分布在整个段落上。
- 对齐方式：指定拼音字符与正文字符的对齐位置。
- 位置：如果想将拼音添加到横排文本的上方或直排文本的右侧，可以选择【上/右】；如果想将拼音添加到横排文本的下方或直排文本的左侧，可以选择【下/左】。
- X/Y位移：设置拼音与正文之间的间距。

03 在【拼音】文本框中输入拼音字符，在【对齐方式】下拉列表中选择【1个拼音空格】，设置【Y位移】为5点，如图2-68所示。

图2-68

为了更好地区分，建议字与字的拼音之间添加一个空格。拼音中的声调可以使用输入法的软键盘功能输入。

04 切换到【拼音字体和大小】选项，设置【大小】为8点，如图2-69所示。

图2-69

05 切换到【当拼音较正文长时调整】选项，在【间距】下拉列表中选择【无调整】，勾选
【字符宽度缩放】复选框后单击【确定】按钮完成设置，如图2-70所示。重复前面的操作
步骤，依次为所有的诗句添加拼音。

图2-70

2.6.4 着重号

着重号是指附加在需要强调文本上的点。标注着重号的方法和标注拼音类似，这里继
续前面的实例，讲解添加着重号的方法。

01 选中诗句中的【菡萏】两字，单击【字符】面板右侧的≡按钮，在弹出的菜单中选择【着
重号】|【着重号】命令，打开【着重号】对话框，如图2-71所示。

02 设置【偏移】为-5，【位置】为【下/左】，在【字符】下拉列表中选择【鱼眼】，如图
2-72所示。

图2-71

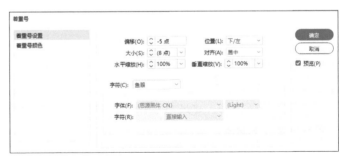

图2-72

03 切换到【着重号颜色】选项，将着重号的颜色设置为红色，如图2-73所示，单击【确定】
按钮完成实例的制作。

图2-73

2.6.5 段落线

段落线是一种段落属性，可以随段落在页面中一起移动并自动调节长短。接下来通过
一个实例具体讲解段落线的设置方法，实例效果如图2-74所示。

图2-74

01 执行【文件】|【打开】命令，打开附赠素材中的【第2章\实例09\开始.indd】文件，选中
图2-75所示的文本。

图2-75

02 单击【段落】面板右上角的☰按钮，在弹出的菜单中选择【段落线】命令，打开【段落线】对话框，如图2-76所示。

03 在下拉列表中选择【段后线】，然后勾选【启用段落线】复选框。设置【粗细】为2点，【位移】为10px，【左缩进】为5px，【右缩进】为-300px，单击【确定】按钮完成设置，如图2-77所示。

图2-76　　　　　　　　　　　　　图2-77

2.6.6　项目符号与编号

项目符号是指为每一段的开始添加符号，编号是指为每一段的开始添加序号。如果在添加了编号列表的段落中添加或移去段落，编号就会自动更新。

01 继续前面的实例，在页面上选中图2-78所示的文本。

图2-78

02 单击【段落】面板右上角的☰按钮，在弹出的菜单中选择【项目符号和编号】命令，打开【项目符号和编号】对话框，如图2-79所示。

03 在【列表类型】下拉列表中选择【项目符号】，在【项目符号字符】列表中选择一个符号，单击【确定】按钮完成实例的制作，如图2-80所示。

图2-79　　　　　　　　　　　　　　　　　　　　图2-80

字符样式与段落样式

2.7

　　样式在InDesign中无处不在，除了形状、文字、表格等对象按照系统默认的样式显示外观和格式以外，新建文档和打印输出时使用的模板，甚至连界面配置方案也属于样式的范畴。

2.7.1　字符样式的使用

　　利用字符样式不但可以快速为文本套用格式，还可以批量修改格式。比如，编排图书时可以让所有二级标题都使用相同的样式，需要修改二级标题的字号或颜色时，只要重新编辑一下样式，所有的二级标题就会即时更新，不必担心格式不统一和遗漏。

　　现在通过实例讲解字符样式的设置方法，实例效果如图2-81所示。

图2-81

01 执行【文件】|【打开】命令，打开附赠素材中的【实例\第2章\实例10\开始.indd】文件，效果如图2-82所示。

图2-82

02 执行【文字】|【字符样式】命令，打开【字符样式】面板，单击面板底部的 按钮新建一个字符样式，如图2-83所示。

03 双击新建的字符样式打开【字符样式选项】对话框，在【样式名称】文本框中输入易于识别的样式名称，如图2-84所示。

04 单击【基本字符格式】选项，在【字体系列】下拉列表中选择【思源黑体】，设置【字体样式】为【Regular】，【大小】为20点，【字符间距】为50，单击【确定】按钮保存设置，如图2-85所示。

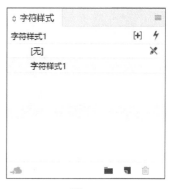

图2-83

图2-84

图2-85

05 按住键盘上的Shift键选中3个标题文本框，单击【字符样式】面板中的样式名称套用设置好的样式，如图2-86所示。

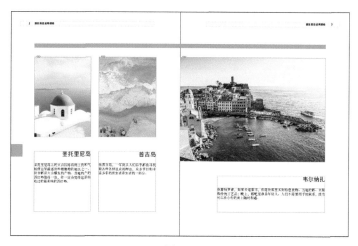

图2-86

2.7.2 段落样式的使用

字符样式和段落样式的设置方法相同，唯一的区别是段落样式可以设置的内容更多，除了字符格式以外，还包括段落间距、段落底纹、首字下沉等段落格式。

01 继续前面的实例。执行【文字】|【段落样式】命令，打开【段落样式】面板。单击 ▐ 按钮新建一个段落样式，点两下段落样式名称，将样式命名为【正文】，如图2-87所示。

图2-87

02 双击段落样式打开【段落样式选项】对话框，单击【基本字符格式】选项，在【字体系列】下拉列表中选择【思源黑体】，设置【字体样式】为【Normal】，【大小】为11点，【行距】为18点，如图2-88所示。

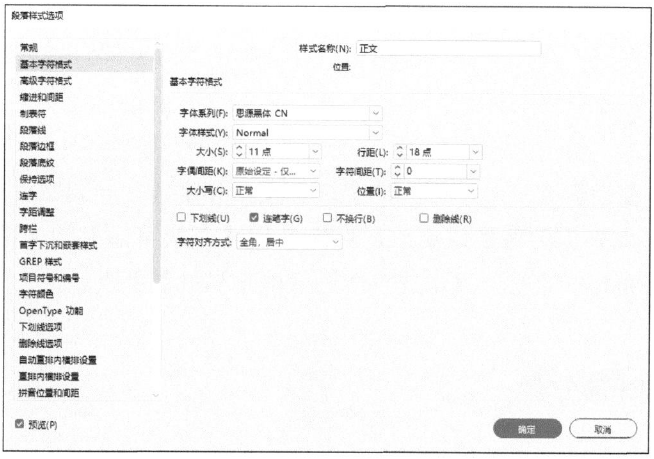

图2-88

03 单击【日文排版设置】选项，在【标点挤压】下拉列表中选择【首行缩进】，单击【确定】按钮完成设置，如图2-89所示。

图2-89

04 按住键盘上的Shift键选中3个正文文本框，单击【段落样式】面板中的样式名称套用样式，如图2-90所示。

图2-90

文章检查

2.8

在编辑文章时，相同的字符、文本和字体在一篇文章中可能会重复很多次，如果需要替换或更改，可以使用【查找字体】和【查找/更改】命令，对使特定的字符、文本或字体进行检索和批量更改。

2.8.1 查找和更改字体

使用查找字体命令，可以搜索并列出文档中使用的所有字体，然后就能用系统中的其他字体进行替换。具体操作方法如下：

01 执行【文字】|【查找字体】命令，打开【查找字体】对话框，如图2-91所示。

02 在【文档中的字体】列表框中选择字体的名称。如果想查看选定字体的详细信息，可以单击【更多信息】按钮，如图2-92所示。

03 要替换某个字体，可以从【替换为】列表中选择要使用的新字体，然后单击【全部更改】按钮，如图2-93所示。

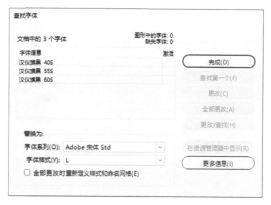

图2-91

图2-92

图2-93

2.8.2 查找和更改文本

输入文章时难免会出现错误，如果错误相同且分布的位置广泛，可以使用【查找/更改】命令快速将文章中的错误找出并批量更改。

01 执行【编辑】|【查找/更改】命令，打开【查找/更改】对话框，如图2-94所示。

02 在【查找内容】文本框中输入自定义的查找文本。如果要查找特殊符号，可以单击文本框后面的【要搜索的特殊字符】按钮@，然后在弹出的列表中选择要查找的字符，如图2-95所示。

图2-94

03 单击【查找下一个】按钮，文档中就会高亮显示检索到的文本或符号。

04 在【更改为】文本框中输入需要更正的内容，单击【全部更改】按钮就能用更正内容替换所有的查找内容，如图2-96所示。

图2-95

图2-96

脚注

2.9

脚注用于对文章中难以理解的内容进行解释，或者对某些内容进行补充说明。脚注由两个相互连接的部分构成，即显示在文本中的脚注引用编号和显示在页面底部的脚注文本。

2.9.1 创建脚注

将脚注添加到文档时，脚注会自动编号，而且每篇文章中都会重新编号。下面通过一个实例讲解创建脚注的步骤，实例效果如图2-97所示。

图2-97

01 执行【文件】|【打开】命令，打开附赠素材中的【实例\第2章\实例11\开始.indd】文件，在需要创建脚注的地方单击置入插入点，如图2-98所示。

02 执行【文字】|【插入脚注】命令，在文本的右上侧插入序号，同时在文本栏的底部插入相应的序号，如图2-99所示。

03 在页面底部的序号后面输入注解文本，如图2-100所示。

图2-98

图2-99

图2-100

2.9.2 脚注格式设置

执行【文字】|【文档脚注选项】命令，打开【脚注选项】对话框，如图2-101所示。在这里可以设置脚注的样式。

01 继续前面的实例。在【脚注选项】对话框中勾选【显示前缀/后缀于】复选框，在【前缀】文本框中输入【注】，如图2-102所示。

02 在【脚注格式】选项组的【段落样式】下拉列表中选择【新建段落样式】，如图2-103所示。

03 在【段落样式选项】对话框中单击【基本字符格式】选项，设置【字体系列】为【思源黑体】，【字体样式】为【Normal】，【大小】为9点，【行距】为18点。单击【确定】按钮完成设置，如图2-104所示。

图2-101

04 在【脚注选项】对话框中单击【确定】按钮完成脚注样式的设置。

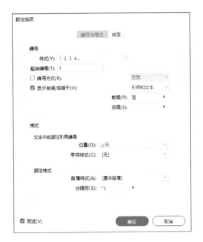

图2-102 图2-103

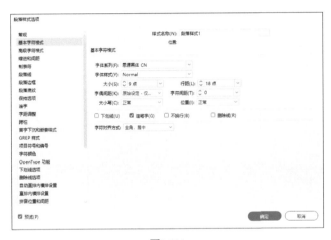

图2-104

上机实践

2.10

本章讲解的内容较多，要想完全消化理解这些知识点，最好的办法就是通过具有代表性的实例反复练习。本例将编排两页摄影杂志的内页，请读者重点掌握实际工作中经常要运用的导入Word文档、串接文本、段落样式设置和查找/更改功能，实例效果如图2-105所示。

图2-105

01 执行【文件】｜【打开】命令，打开附赠素材中的【实例\第2章\实例12\开始.indd】文件，效果如图2-106所示。

02 在工具箱中选择【文字工具】 ▼ ，在页面上创建一个文本框架后输入文章的标题，如图2-107所示。

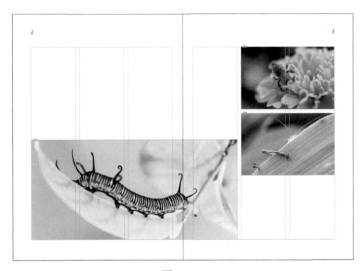

图2-106　　　　　　　　　　　　　图2-107

03 按键盘上的Esc键激活【选择工具】。在【属性】面板中将参考点设置为上方中央，设置【X】参数为75.5毫米，【Y】参数为92毫米，【W】为105毫米，【H】为50毫米，如图2-108所示。

04 选中所有标题文字，在【字符】面板中设置字体为【华康魏碑】，【字体大小】为37点。选中最后两个字符，设置【填色】为红色，结果如图2-109所示。

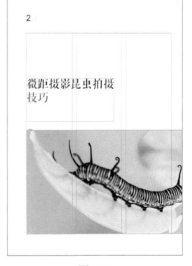

图2-108　　　　　　　　　　　　　图2-109

05 执行【窗口】｜【文字和表】｜【段落】命令，打开【段落】面板。在【标点挤压设置】下拉列表中选择【基本】，打开【标点挤压设置】对话框，如图2-110所示。

06 单击【新建】按钮，设置【名称】为【首行缩进】，单击【确定】按钮创建标点挤压集，如图2-111所示。

07 单击【段落首行缩进】右侧的【无】，在弹出的列表中选择【2个字符】，单击【确定】按钮完成设置，如图2-112所示。

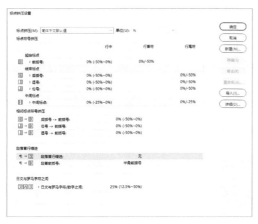
图2-110

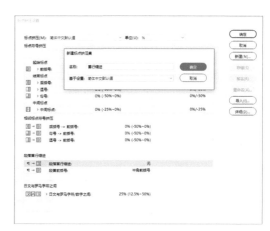
图2-111

08 执行【文字】|【段落样式】命令，单击【段落样式】面板底部的■按钮新建一个段落样式，如图2-113所示。

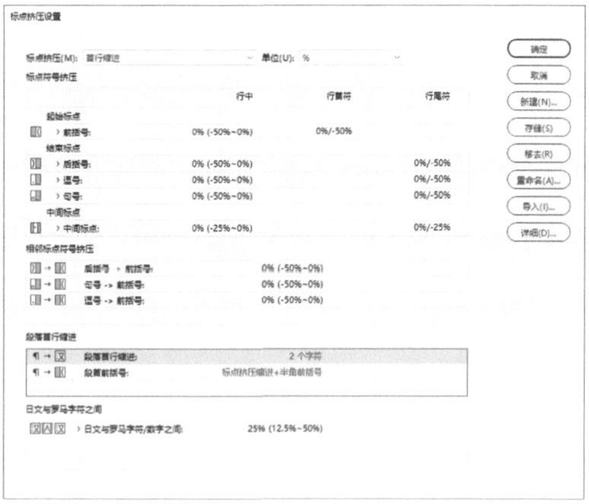

图2-112

图2-113

09 双击新建的段落样式打开【字符样式选项】对话框，在【样式名称】文本框中输入【正文】。单击【基本字符格式】选项，在【字体系列】下拉列表中选择【阿里巴巴普惠体】，设置【字体样式】为【Light】，【大小】为10点，【行距】为16点，如图2-114所示。

图2-114

10 切换到【日文排版设置】选项，在【标点挤压】下拉列表中选择【首行缩进】，单击【确定】按钮保存设置，如图2-115所示。

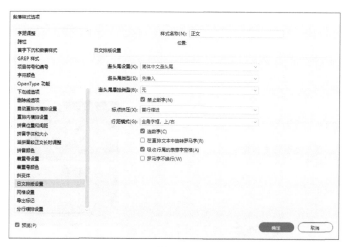

图2-115

11 执行【文件】|【置入】命令，在打开的【置入】对话框中勾选【显示导入选项】复选框，然后取消【替换所选项目】和【应用网格格式】复选框的勾选，如图2-116所示。

图2-116

12 双击附赠素材中的【实例\第2章\实例12\文稿.docx】文件，打开【Microsoft Word导入选项】对话框，勾选【移去文本和表的样式和格式】单选按钮，然后单击【确定】按钮，如图2-117所示。

13 在页面如图2-118所示的位置拖动鼠标创建文本框架。

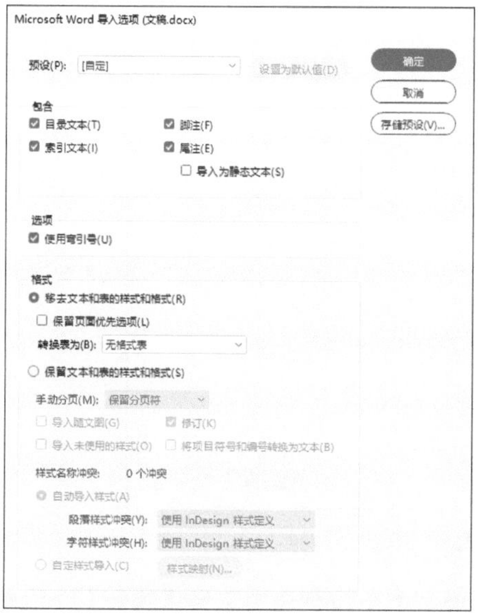

图2-117

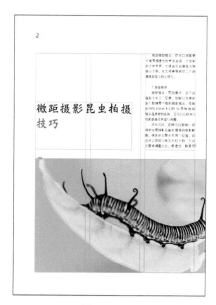

图2-118

14 单击文本框架右下角的溢流文本标志⊞，在另一个页面上创建3个串接文本框架，如图2-119所示。

图2-119

15 在【段落样式】面板中再次新建一个样式，设置名称为【小标题】，如图2-120所示。

16 单击【基本字符格式】选项，在【字体系列】下拉列表中选择【阿里巴巴普惠体】，设置【字体样式】为【Medium】，【大小】为12点，【行距】为20点。单击【缩进和间距】选项，设置【段前距】为4毫米。如图2-121所示。

图2-120

图2-121

17 切换到【项目符号和编号】选项，在【列表类型】下拉列表中选择【编号】，设置【制表符位置】参数为7毫米，单击【确定】按钮保存设置，如图2-122所示。

图2-122

18 执行【编辑】|【查找/更改】命令，在【查找/更改】对话框中切换到【GREP】选项，单击【查找内容】文本框右侧的@.按钮，在弹出的列表中选择【位置】|【段首】，如图2-123所示。

19 再次单击@.按钮，选择【段落结尾】。单击【全部更改】按钮就可以批量删除文档中所有的空段，如图2-124所示。

图2-123

图2-124

20 在【查找内容】文本框中仅留下【^】符号，然后单击@.按钮选择【通配符】|【任意数字】，继续输入一个小写的【.】，如图2-125所示。

21 单击【更改格式】选项组中的 ♀ 按钮，在【更改格式设置】对话框的【段落样式】下拉列表中选择【小标题】，然后单击【确定】按钮，如图2-126所示。

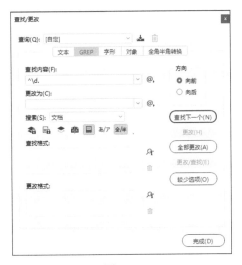

图2-125

图2-126

22 单击【全部更改】按钮，文档中所有的二级标题都完成了段落样式的批量更换，如图2-127所示。

图2-127

23 单击【更改格式】选项组中的 ⋒ 按钮，取消段落样式更换，再次单击【全部更改】按钮，文档中的重复序号就被全部删除了，如图2-128所示。

图2-128

第3章

绘制图形

在版式设计中，图形和图像是必不可少的设计元素。InDesign为用户提供了丰富的图形绘制工具，其绘制图形的能力甚至不弱于专业绘图软件。本章主要讲解绘制和编辑图形的方法，结合不同的实例，帮助读者更好地掌握这些内容，并且快速地应用到实际工作中。

基本绘图工具

3.1

基本绘图工具包括【矩形工具】、【椭圆工具】、【多边形工具】和【直线工具】，使用这几个工具可以绘制各种常见的几何图形。

3.1.1 矩形工具

使用【矩形工具】▢可以绘制矩形和正方形。该工具的使用方法较为简单，读者可以通过以下两种方法创建：

- 在页面上按住鼠标左键拖动，释放鼠标后生成矩形。
- 在页面上单击鼠标，在弹出的【矩形】对话框中输入【宽度】和【高度】数值，单击【确定】按钮生成矩形。

下面通过一个实例讲解基本绘图工具的操作方法和使用技巧，效果如图3-1所示。

图3-1

01 执行【文件】|【打开】命令，打开附赠素材中的【案例\第3章\实例01\开始.indd】文件，效果如图3-2所示。

02 执行【窗口】|【控制】命令打开【控制】面板。单击工具箱中的【矩形工具】▢，在【控制】面板上设置【填色】为浅棕色，【描边】为【无】，如图3-3所示。

03 捕捉页面1右上角的页边距，然后在出血线和水平参考线相交的位置释放鼠标，创建一个矩形，如图3-4所示。

04 勾选【控制】面板上的【自动调整】复选框，按Ctrl＋D快捷键置入附赠素材中的【实例\第3章\实例01\001.jpg】图像，结果如图3-5所示。

图3-2

图3-3

05 捕捉页面右下角的页边距和栏参考线，再次创建一个矩形。勾选【控制】面板上的【自动调整】复选框，按Ctrl＋D快捷键置入附赠素材中的【实例\第3章\实例01\002.jpg】图像，结果如图3-6所示。

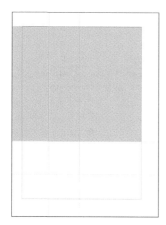

图3-4   图3-5   图3-6

图形的宽度和高度尺寸中包含描边粗细，如果先创建带描边的图形，然后取消描边，那么这个图形的尺寸就会变小。

06 捕捉水平参考线和栏参考线，创建一个任意高度的矩形。在【控制】面板上将参考点设置为下方中央，设置【H】参数为42毫米，如图3-7所示。

图3-7

和创建文本框架一样，拖动鼠标时按住键盘上的Shift键可以创建正方形；按住Alt键可以从矩形的中心开始创建；按住Alt＋Shift快捷键拖动鼠标可以从矩形的中心开始创建正方形；释放鼠标前按住空格键，释放鼠标后可以直接移动矩形的位置。

07 捕捉页面左下角的文本框架和出血线创建一个矩形，如图3-8所示。

08 执行【窗口】｜【图层】命令打开【图层】面板，将两个文本框架对象拖动到图层列表的最上方，如图3-9所示。

09 切换到文档的最后一个页面，捕捉页边距和出血线创建一个矩形。在矩形上单击鼠标右键，在弹出的快捷菜单中执行【排列】｜【置为底层】命令，结果如图3-10所示。

10 切换到页面5。确认工具箱中的【矩形工具】被激活，在页面上单击鼠标后在【矩形】对话框中设置【宽度】为150毫米，【高度】为94毫米，单击【确定】按钮生成矩形，如图3-11所示。

图3-8

图3-9

图3-10

图3-11

11 按Ctrl＋D快捷键，置入附赠素材中的【实例\第3章\实例01\007.jpg】图像，单击【控制】面板上的【按比例填充框架】按钮，然后把图像对齐到水平参考线上，结果如图3-12所示。

图3-12

3.1.2 椭圆工具

使用鼠标右键单击工具箱中的【矩形工具】按钮▢，在弹出的扩展按钮中激活【椭圆工具】◯，就能在页面上创建椭圆或正圆形。

01 继续上一个实例。切换到2-3跨页，选择工具箱中的【椭圆工具】◯。在页面上单击鼠标，在打开的【椭圆】对话框中设置【宽度】和【高度】均为135毫米，单击【确定】按钮生成圆形，如图3-13所示。

02 勾选【控制】面板上的【自动调整】复选框，按Ctrl＋D快捷键置入附赠素材中的【实例\第3章\实例01\004.jpg】图像，然后将其移动到图3-14所示的位置。

图3-13

图3-14

 提 示

绘制图形前，如果页面上已经创建了可以确定图形尺寸和位置的参考线，那么使用拖动鼠标创建图形的方法可以最大化提升工作效率。只有在定位基准不全或者想要创建尺寸精确的图形时，才会使用输入参数的方式创建图形。

03 激活工具箱中的【选择工具】▸，按住键盘上的Alt键移动圆形进行复制操作。再次复制一个圆形，分别修改两个圆形的尺寸为130毫米×130毫米和105毫米×105毫米。按Ctrl＋D快捷键替换两个圆形上的图像，然后将它们调整到图3-15所示的位置。

图3-15

04 在页面3上创建两个43毫米×43毫米的圆形，将圆形与页面下方的文本框架对齐。按住键盘上的Shift键同时选取两个新建的圆形。在圆形上单击鼠标右键，在弹出的快捷菜单中执行【排列】|【置为底层】命令，结果如图3-16所示。

图3-16

3.1.3 多边形工具

在工具箱中选择【多边形工具】⬡，在视图中单击鼠标，弹出【多边形】对话框，如图3-17所示。

其中各选项含义如下：

- 多边形宽度/高度：设置多边形的尺寸。
- 边数：设置边的数目，范围为3～100。
- 星形内陷：数值大于0%时，使边向内凹陷呈现为星形。

图3-17

01 切换到页面4。单击具箱中的【多边形工具】按钮⬡，按住Shift键拖动鼠标创建多边形。在【控制】面板中按下🔒按钮锁定宽高比，修改【H】为89毫米，如图3-18所示。

02 按住Alt键移动多边形进行复制操作，选取第一个多边形。按Ctrl＋D快捷键置入附赠素材中的【实例\第3章\实例01\006.jpg】图像。最后将两个多边形移动到图3-19所示的位置。

图3-18

图3-19

图形绘制工具

3.2

基本绘图工具只能创建简单的几何形状，要想创建更加复杂的图形，就要使用InDesign提供的钢笔工具和路径查找器。

3.2.1 了解锚点和路径

为了便于读者理解，这里先介绍一下图形的概念。计算机中的图形是指由轮廓线条构成的矢量图，点是构成图形的最基本单位，两点之间产生线段，一系列的线段连接起来就组成了图形。在InDesign中，构成线段的点被称为锚点，两个锚点之间的线段叫做路径，线段组成的形状就是图形，如图3-20所示。

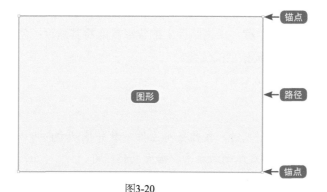

图3-20

图形上的每个锚点都能在普通点、角点和平滑点之间切换，以此来控制锚点间的路径是直线还是曲线，如图3-21所示。只需调整锚点的数量、位置和类型，就可以创建出任意形状的图形。

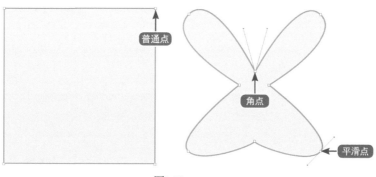

图3-21

3.2.2 钢笔工具

使用钢笔工具组中的一系列工具可以绘制形状不规则的图形，如图3-22所示。

下面通过实例具体介绍钢笔工具的使用方法。

01 在InDesign中新建一个空白文档，选择工具箱中的【钢笔工具】✐，在页面上单击鼠标创建由4个锚点构成的路径，如图3-23所示。

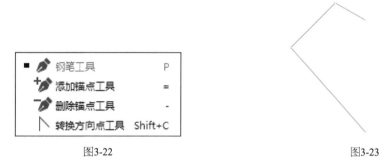

图3-22   图3-23

02 选择工具箱中的【添加锚点工具】✐，在路径上单击可以添加一个锚点；选择工具箱中的【删除锚点工具】✐，单击路径上的锚点就能将其删除；使用选择工具箱中的【直接选择工具】▷可以移动锚点的位置。

　　使用钢笔工具创建锚点时，按住鼠标左键不放并拖动方向可以创建曲线。绘制直线段时，按住Shift键可以将角度限制为水平、垂直或45°角。

03 选择工具箱中的【转换方向点工具】▷，在锚点上拖动鼠标显示出方向线，拖动方向线两端的小方块调整路径的曲率，如图3-24所示。

04 激活工具箱中的【移动工具】▷，按住Alt键不放移动路径进行复制操作。单击【控制】面板上的【水平翻转】按钮▷◁，然后将两条路径对齐，如图3-25所示。

图3-24   图3-25

3.2.3 路径工具

　　执行【窗口】|【对象和版面】|【路径查找器】命令，在打开的【路径查找器】面板中可以找到更多的锚点编辑工具，如图3-26所示。

01 继续使用前面绘制的心形。选中页面上的两条路径，单击两次【路径查找器】中的【连接路径】按钮，将两条路径上重合的锚点衔接到一起，这样两条相互独立的路径就形成一个封闭的图形。

02 单击【路径查找器】中的【开放路径】按钮，图形上的一个锚点就会断成两个，从而使封闭的路径变成开放状态，如图3-27所示。

03 单击【路径查找器】中的【封闭路径】按钮，会在彼此分离的两个锚点之间产生新线段，让开放的路径变成封闭状态，如图3-28所示。

图3-26

图3-27

图3-28

3.3 复合路径和复合形状

复合路径是指把两个以上的图形组合在一起，图形相互重叠的部分会按照一定的规则进行镂空，从而得到复杂的图形；复合形状则是指通过相加、减去等运算方式将两个及两个以上的封闭路径组成一个图形。

3.3.1 创建复合路径

复合路径功能适合创建镂空的复杂形状，下面通过一个实例讲解具体的操作方法。

01 在InDesign中新建一个空白文档，使用工具箱中的【椭圆工具】，在页面上绘制一个任意尺寸的正圆。使用工具箱中的【文字工具】，在页面上输入字母【K】，然后将字母与圆形对齐，如图3-29所示。

02 执行【文字】|【创建轮廓命令】，字母就被转换成了图形。使用框选的方法选中字母和圆形，执行【对象】|【路径】|【建立复合路径】命令，结果如图3-30所示。

03 使用工具箱中的【直接选择工具】，选取复合路径上的一个锚点。单击【路径查找器】中的【反转路径】按钮，就可以控制图形重叠的部分是否镂空，如图3-31所示。

图3-29

图3-30

图3-31

3.3.2 创建复合形状

在【路径查找器】面板中，使用【路径查找器】选项组中的按钮可以创建复合形状，下面通过一个实例讲解复合路径的创建方法。

01 在InDesign中新建一个空白文档，使用工具箱中的【椭圆工具】◯，绘制一个100毫米×100毫米的圆形。继续创建一个50毫米×120毫米的矩形，然后将矩形与半圆居中对齐，如图3-32所示。

02 选中两个图形后单击【路径查找器】面板中的【减去】按钮🔲，结果如图3-33所示。

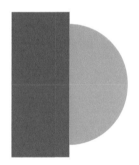
图3-32

图3-33

03 在页面上创建两个50毫米×50毫米的圆形，按照图3-34所示与半圆对齐。

04 选取上方的圆形和半圆，单击【路径查找器】面板中的【减去】按钮🔲。选取剩余的两个图形，单击【路径查找器】面板中的【相加】按钮🔲，结果如图3-35所示。

图3-34

图3-35

05 创建一个15毫米×15毫米的圆形,将圆形移动到图3-36所示的位置。选中两个图形后单击【路径查找器】面板中的【减去】按钮🔲。

06 按住Alt键移动图形进行复制操作,单击【控制】面板上的【水平翻转】▷◁和【垂直翻转】⟡按钮,将两个形状对齐就得到了太极图的图形,如图3-37所示。

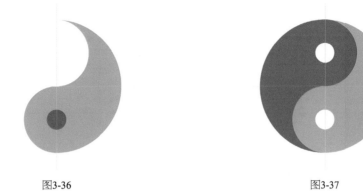

图3-36   图3-37

3.4 图形描边

在InDesign中,文字、图形、文本框架、占位符等对象都可以设置描边和填色。所谓描边就是对象的轮廓线条,填色就是对象的内部颜色。

3.4.1 描边面板

执行【窗口】|【描边】命令,在打开的【描边】对话框中提供了所有描边选项。下面通过实例详细讲解,效果如图3-38所示。

图3-38

01 执行【文件】|【打开】命令，打开附赠素材中的【案例\第3章\实例02\开始.indd】文件，效果如图3-39所示。

图3-39

02 切换到2-3跨页。使用工具箱中的【椭圆工具】 ⬭，在页面上单击鼠标，创建一个162毫米×162毫米的正圆。在【控制】面板中设置【填色】为【无】，【描边】为浅棕色，【粗细】为1点，如图3-40所示。

图3-40

03 在圆形上单击鼠标右键，在弹出的快捷菜单中执行【排列】|【置为底层】命令，结果如图3-41所示。

图3-41

04 再次创建一个410毫米×410毫米的正圆。在【控制】面板中设置【填色】为【无】，【描边】为浅棕色，【粗细】为2点。将圆形移动到图3-42所示的位置。

05 使用工具箱中的【剪刀工具】✂，在圆形与出血线相交的两个点单击鼠标，激活工具箱中的【选择工具】▶，选中圆形多余的部分后按Delete键删除。

图3-42

06 切换到页面5，选中右上方的路径线条。执行【窗口】|【描边】命令，打开的【描边】对话框。设置【粗细】为2点，在【类型】下拉列表中选择【点线】，如图3-43所示。

07 在【起始处】下拉列表中选择【圆】，在【结束处】下拉列表中选择【三角形】，结果如图3-44所示。

图3-43

图3-44

3.4.2 角选项

角选项功能只能作用于路径的直线段部分，该功能会在形状上自动添加锚点，并且提供了多种预设样式，可以非常轻松地为图形添加各种形式的倒角效果。执行【对象】|【角选项】命令，即可打开图3-45所示的【角选项】对话框。

图3-45

83

通过【大小】参数可以设置角点的扩展半径，在【效果】下拉列表中可以选择不同的转角效果，不同的转角效果如图3-46所示。

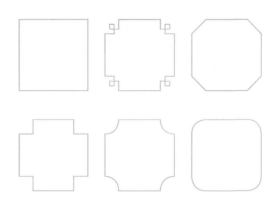

图3-46

将锁定按钮切换为🔓状态，就能为四个转角分别设置不同的大小和形状。

3.5 上机实践

现在通过一个实例学习更多的绘图工具操作技巧，实例效果如图3-47所示。

图3-47

01 执行【文件】|【打开】命令，打开附赠素材中的【案例\第3章\实例03\开始.indd】文件，如图3-48所示。

图3-48

02 执行【窗口】|【样式】|【对象样式】命令，打开【对象
样式】对话框，如图3-49所示。

03 选中【基本图形框架】，然后单击【创建新样式】按钮。
双击新建的样式，打开【对象样式选项】对话框，设置【样
式名称】为【线条】。单击【填色】选项，设置【填色】为
【无】，如图3-50所示。

图3-49

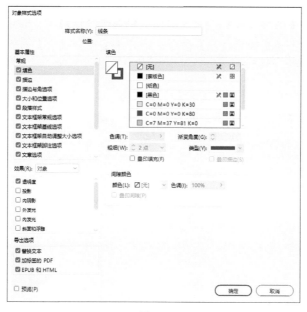

图3-50

与字符和段落一样，图形也可以设置样式，如果文档中需要创建大量图形，使用图形
样式可以节约很多重复的设置操作。

04 单击【描边】选项，设置【描边】为深灰色，【粗细】为2点。单击【确定】按钮完成设置，如图3-51所示。

05 双击【对象样式】对话框中的【基本图形框架】。单击【填色】选项，设置【填色】为第一个棕色色板。单击【描边】选项，设置【描边】为【无】，如图3-52所示。

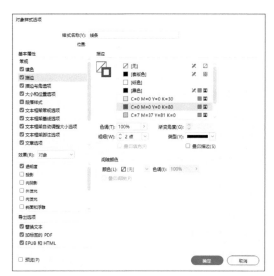

图3-51

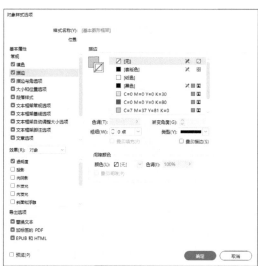

图3-52

06 选择工具箱中的【矩形工具】，在页面上创建一个任意尺寸的矩形。执行【窗口】|【对象和版面】|【路径查找器】命令，打开【路径查找器】面板，单击【转换为三角形】按钮△，如图3-53所示。

07 单击【控制】面板中的【逆时针旋转90°】按钮，设置【W】参数为67毫米，【H】参数为57毫米，然后将三角形对齐到图3-54所示的位置。

图3-53

图3-54

08 按住键盘上的Alt键，单击【控制】面板上的【水平翻转】按钮复制一个三角形，设置复制三角形的【填色】为第二个棕色色板，如图3-55所示。

09 按住键盘上的Alt键移动第一个创建的三角形，释放鼠标后将复制的三角形对齐到图3-56所示的位置。

图3-55

图3-56

10 按住键盘上的Shift键，将三角形右侧的边框拖动到出血线的位置。在【控制】面板中设置【填色】为第三个棕色色板，结果如图3-57所示。

11 复制第二个三角形，按住Shift键等比例放大复制的三角形，然后将其对齐到图3-58所示的位置。

图3-57

图3-58

12 选择工具箱中的【添加锚点工具】，在三角形的路径上单击鼠标添加一个锚点。选择工具箱中的【直接选择工具】，拖动锚点调整图形的形状，结果如图3-59所示。

13 按住Alt键向上方移动调整后的多边形，将复制的图形对齐到参考线上。选取两个多边形后单击【路径查找器】面板中的【减去】按钮，结果如图3-60所示。

14 按Ctrl＋D快捷键置入附赠素材中的【实例\第3章\实例03\001.jpg】图像，双击图像进入编辑模式，单击【控制】面板上的【逆时针旋转90°】按钮和【水平翻转】按钮。继续单击【按比例填充框架】按钮，结果如图3-61所示。

图3-59

图3-60

15 复制第二个三角形，按住键盘上的Shift键缩小复制的三角形。设置三角形的【填色】为深灰色，然后将其移动到图3-62所示的位置。

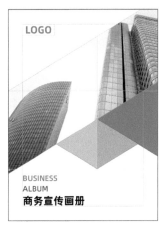

图3-61

图3-62

16 同时选取图像和下方的两个三角形，按住Alt键单击【控制】面板上的【水平翻转】按钮 ▷◁进行复制操作，将复制的三个图形移动到页面1上，如图3-63所示。

图3-63

17 双击页面1上的图像，按Ctrl＋D快捷键，将图像修改为附赠素材中的【实例\第3章\实例03\002.jpg】图像。按住Alt键复制4个三角形，按照如图3-64所示调整它们之间的位置关系。

18 选中复制的4个三角形，单击【路径查找器】面板中的【相加】按钮 ，结果如图3-65所示。

图3-64

图3-65

19 选择工具箱中的【矩形工具】 ，在页面上单击鼠标创建一个233毫米×134毫米的矩形，设置【填色】为第三个棕色色板，然后将矩形对齐到出血线的左上角，如图3-66所示。

20 选择工具箱中的【删除锚点工具】 ，单击矩形右下角的锚点将其删除，结果如图3-67所示。

图3-66

图3-67

21 继续创建一个35毫米×35毫米的矩形，将矩形的【填色】设置为【纸色】，将新建的矩形对齐到左上角的页边距上，如图3-68所示。

22 执行【对象】|【生成QR码】命令，在【生成QR码】对话框的【类型】下拉列表中选择【Web超链接】，输入网址后单击【确定】按钮，如图3-69所示。

图3-68

图3-69

23 选择工具箱中的【直线工具】 ╱，然后在【样式】
面板中单击一下【线条】样式，如图3-70所示。

24 在页面拖动鼠标创建直线。对直线进行复制和调整
位置的操作，结果如图3-71所示。

图3-70

图3-71

第 4 章

颜色系统

在InDesign中，颜色是非常重要的元素。一方面，颜色决定了版面的色调，进而影响到作品的整体风格；另一方面，在电脑上编排InDesign文档时，我们在显示器上看到的颜色并不等于印刷成品的效果，如果控制不好颜色类型和颜色模式，设计好的文档印刷出来后就会出现较大的色差。

本章主要介绍InDesign的颜色类型、颜色工具的使用方法，以及色板面板和渐变面板等面板的相关知识。

颜色基础

4.1 在学习设置颜色之前，首先要对印刷色彩的体系和基本概念有所了解，这样才能正确合理地进行配置。

4.1.1 颜色类型

InDesign的颜色类型分为印刷色和专色两种，这两种颜色类型与商业印刷使用的两种油墨类型相对应。

1. 印刷色

印刷色也就是俗称的四色印刷。四色印刷采用的是颜料三原色，即青色（C）、洋红色（M）和黄色（Y）。从理论上讲，这三种颜色叠加可以合成所有的颜色，但是由于油墨的制造水平有限，三色叠加后无法达到纯黑的效果。即使得到了黑色，也会产生局部油墨过多和浪费油墨等问题。因此才引入了黑色（K）油墨，专门用来印刷黑版，既避免了多色套印，又能得到更纯的黑色，对比效果如图4-1所示。

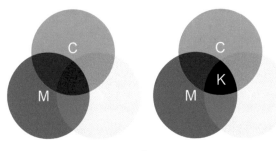

图4-1

印刷成品呈现出来的最终颜色取决于CMYK值，但是CMYK的色域范围比普通显示器的色域小，在显示器上看起来会更暗一些。所以，除非已经正确进行了颜色管理系统配置，否则不要根据显示器上的显示结果设定CMYK值。

如果设计流程涉及在不同的设备间传输文档，可以执行【编辑】|【颜色设置】命令，通过颜色管理系统保持颜色不受传输和转换的影响，如图4-2所示。

2. 专色

四色印刷通过四种颜色的油墨相互叠加，从而形成各种颜色。而专色是先根据油墨的配比，将某个颜色的油墨调配出来，再在印刷机上单独印刷。之所以采用专色，是因为不同印刷厂使用的油墨都有细微的差别，不同油墨制造商生产出来的油墨也不能做到完全相同，这就导致了同样比例的CMYK油墨，不同印刷厂印刷出来的颜色都会有一定的误差。专色作为具有固定色相的单一颜色，没有经过多重油墨的重叠，颜色的误差自然就会大大减少。

专色的另一个特点是难以复制。因为专色的色域很宽，甚至超过了RGB颜色模式的表现色域，不能简单地靠CMYK叠印出来。因此，专色具有一定的防伪特性，一般用来印刷品牌标志或固定图案，以及专金、荧光墨等四色油墨调配不出来的效果。

选择专色时需要使用潘通色卡或油墨生产厂商提供的色卡，如图4-3所示。如果没有特殊需求，不建议用户随意在InDesign中定义专色。因为非标准的专色，印刷厂不一定能准确地调配出来，在显示器上也无法看到准确的颜色。

图4-2

图4-3

4.1.2　颜色模式

颜色模式是将某种颜色表现为数字形式的模型，以便在显示设备上重现各种色彩，常见的颜色模式包括HSB、RGB、CMYK和Lab几种。在【色板】面板中，用户可以通过图标和颜色值识别色板的颜色类型，如图4-4所示。选择一张图片后，在【链接】面板中可以查看图片的颜色模式，如图4-5所示。

图4-4

图4-5

1. RGB模式

RGB模式使用红（R）、绿（G）和蓝（B）三种原色作为基础，然后由这三种原色混合出其他色彩。RGB模式的特点是色彩丰富饱满，可以在显示器上生成1670万种颜色，几乎包括了人类视力所能感知的所有颜色。

显示器和打印机大多采用的是RGB颜色标准，用InDesign设计网页、电子书，或者需要打印的文档都可以采用这种色彩模式。

2. CMYK模式

CMYK模式就是前面介绍过的印刷模式，使用InDesign设计文档之前，就要考虑好颜色模式的问题。如果设计好的文档需要提交印刷厂印刷，那么设计时就要使用CMYK模式，以免成品的颜色与设计文档产生较大的差异。

3. Lab模式

人在看物体时，首先看到的是明暗，然后才是色彩，Lab模式采用的就是这样的原理。Lab模式由三个通道组成，其中的L代表亮度；a代表从洋红色到绿色的范围；b代表从黄色到蓝色的范围。这种色彩模式最大的特点是色域比RGB模式宽阔得多，肉眼能感知的色彩，都能通过Lab模型表现出来。

Lab模式的另一个特点是这种颜色模式描述的是颜色的显示方式，而不是生成颜色所需的色彩原料数量，所以被视为与设备无关的颜色模式。根据这个特点，Lab模式主要用于不同颜色模式之间的转换。比如先把RGB模式的图片转换成Lab模式，然后再转成CMYK模式，会比直接将RGB模式转换成CMYK模式少损失很多色彩。

4. HSB模式

与Lab模式类似，HSB模式主要基于大脑对色彩的感知模式，具有选取颜色时较为直观和方便的特点，一般在调色和配色阶段使用。

HSB中的H代表色相；S代表饱和度；B代表亮度。举个例子来理解，当我们说"一朵红花"时，"红"反映了颜色的相貌，即色相；然后通过"深红""浅红"等词语表达颜色的强烈程度，也就是饱和度；在不同的明暗度下，同一种色相和饱和度的颜色又会产生多种变化。

4.2 颜色工具的应用

InDesign提供了丰富的颜色工具，包括色板面板、吸管工具、颜色主题工具等，下面通过实例讲解这些工具的使用方法，实例效果如图4-6所示。

图4-6

4.2.1 使用吸管工具

在工具箱中提供了【吸管工具】🖊和【颜色主题工具】🖊，吸管工具可以从文档上的任意区域提取颜色；颜色主题工具不但可以一次性提取5种颜色，还能将提取到的颜色添加到【色板】面板中。

01 执行【文件】|【打开】命令，打开附赠素材中的【实例\第4章\实例01\开始.indd】文件，效果如图4-7所示。

图4-7

02 选中页面上最大的矩形，然后激活工具箱中的【吸管工具】🖊，在页面2上单击图片中的铅笔，选中的矩形就被充填为相同的颜色，如图4-8所示。

图4-8

03 双击工具箱下方的【填色】色板，打开【拾色器】对话框，单击【添加CMYK】按钮将这个颜色添加到【色板】面板中，如图4-9所示。

04 使用鼠标右键单击工具箱中的【吸管工具】按钮🖋，然后激活【颜色主题工具】🖋。在图片上的任意位置单击提取颜色主题，如图4-10所示。

图4-9

图4-10

05 单击【颜色主题】面板上的》按钮，可以选择更多的配色方案。单击田按钮将主题颜色添加到【色板】面板中，如图4-11所示。

06 执行【窗口】|【颜色】|【色板】命令，在【色板】面板中展开【彩色_主题】就可以看到主题颜色，如图4-12所示。

07 分别为图形和文字指定不同的主题颜色，原本略显单调的文档立刻就变得活泼、生动起来。

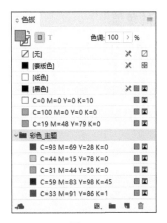

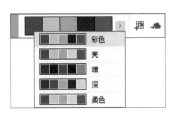

图4-11   图4-12

4.2.2 使用色板面板

【色板】面板是创建和管理颜色的中枢,如图4-13所示。
其中主要选项含义如下:

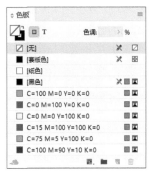

- 无:删除区域内的所有颜色,同时也是让对象变成透明状态的常用方法。

- 套版色:将CMYK值都设定为100,这样套版色就会出现在所有分色色版上,主要用于套准标记、裁切标记等印刷标记。

- 纸色:纸色意味着让空,印刷时不会将油墨应用到指定为纸色的区域或对象上。请注意,纸色与白色不同,纸色仅用于预览,而白色是上色的结果。

图4-13

- 黑色:黑色是单一的K100,用来定义叠印的黑色区域。
- ✕:表示该色板为内置色板,不能被编辑和删除。
- ▨:表示此色板为原色,专色会显示为⊙图标。
- ▥:表示该色板的颜色模式为CMYK;RGB模式的图标为▯;Lab模式的图标为▤。

1. 新建和删除面板

在【色板】面板中选择一个色板,点击面板下方的🗏按钮就可以复制色板;复制色板的另一种方法是把要复制的色板拖动到🗏按钮上。

将色板拖动到🗑按钮上就可以将该色板删除。在除了内置色板以外的自定义色板上点击鼠标右键,在弹出的快捷菜单中也可以执行新建、复制和删除色板操作,如图4-14所示。

图4-14

2. 编辑色板的色值

双击一个色板打开【色板选项】对话框，如图4-15所示。在【颜色类型】下拉列表中可以选择印刷色或专色，左右拖动滑条或者在文本框中输发入数字都可以修改颜色值。

取消【以颜色值命名】复选框的勾选就可以修改色板的名称。

图4-15

3. 切换针对对象

InDesign中的文字、图片等对象都位于框架内部，单击【色板】面板上方或工具箱底部的□按钮，对填色和描边色板的修改就会作用于框架。单击T按钮，对填色和描边色板的修改则会作用于框架内部的对象，如图4-16所示。

图4-16

4.2.3 使用渐变面板

渐变是两种或多种颜色之间或同一颜色的两个色调之间的逐渐混合。执行【窗口】│【渐变】命令，打开【渐变】面板，如图4-17所示。

图4-17

01 在【类型】下拉列表中选择【线性】或【径向】渐变方式，如果选择的是【线性】渐变，那么可以通过【角度】参数让渐变旋转指定的角度，如图4-18所示。

径向　　　　　　　线性（角度＝0）　　　　　线性（角度＝45）

图4-18

02 将【色板】面板中的一个色板拖动到【渐变】面板下方的色标⌂上，色标就会应用这个颜色，如图4-19所示。

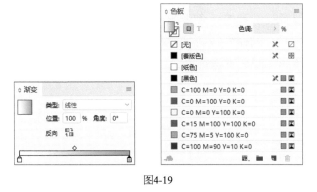

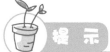

图4-19

> **提示**
>
> 第二种操作方法是选中【渐变】面板上的一个色标，然后按住键盘上的Alt键，单击【色板】面板中想要应用的色板。

03 在渐变色谱下方单击鼠标就能创建一个新色标。另一种方法是把【色板】面板中的一个色板拖动到渐变色谱的下方，如图4-20所示。删除色标的方法是将色标拖动到【色板】面板以外的范围。

04 选中一个色标，左右拖动渐变色谱上方的两个滑块◇就可以控制色标的作用范围，如图4-21所示。单击⇄按钮可以翻转所有色标的方向。

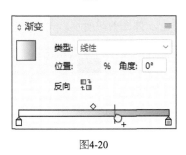

图4-20

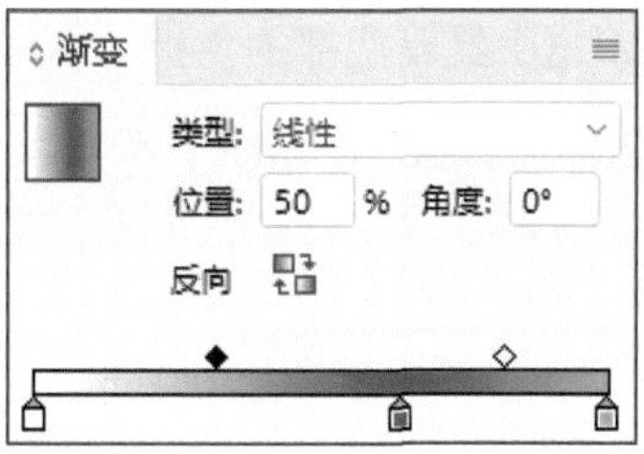

图4-21

05 将【渐变】面板上的渐变填充图标拖到【色板】面板中，就可以保存设置好的渐变色，如图4-22所示。

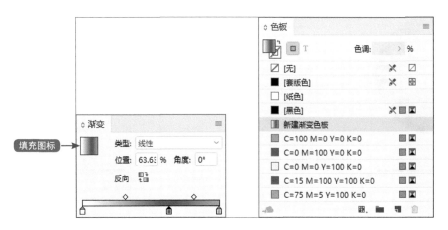

图4-22

Adobe Color Themes

4.3

如何给作品配色是困扰很多初学者的一个难题，比较常规的配色流程是先根据色彩的象征意义、目标受众的偏好或者特定行业的色彩倾向性确定一种颜色作为主色，然后利用色彩搭配原理选择副色。Adobe Color Themes就是选择搭配色彩的有力工具。

4.3.1 选择配色方案

执行【窗口】|【颜色】|【Adobe Color Themes】命令，打开【Adobe Color Themes】面板，如图4-23所示。

Adobe Color Themes的部分功能需要联网，如果Adobe Color Themes面板长时间没有反应可以先将面板关闭，启动Adobe Creative Cloud并登入账号后重新打开面板。

01 首先双击工具箱底部的色板，设置一个颜色值作为主色，如图4-24所示。

02 在【Adobe Color Themes】面板中单击 ←▣ 按钮拾取设置好的主色，继续单击 ✿ 按钮，在弹出的列表中选择一种配色方案，如图4-25所示。

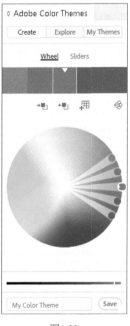

图4-23

图4-24

图4-25

- Analogous（相似色）：使用色相环上间隔90°范围内的色彩对比。这种配色方式的优点是色彩之间具有很强的关联性，画面和谐统一；缺点是效果过于平淡，大面积使用容易分散观众的注意力。

- Monochromatic（单色）：使用具有相同色度，但饱和度和亮度不同的5种颜色。这种配色方案可以让画面看起来和谐统一，有层次感；缺点是掌握不好会令版面显得刻板单调。

- Triad（三色）：采用色相环上间隔120°的色彩对比。与相似色对比，间隔色多了一些明快和对比感，视觉冲击力比较强。

- Complementary（互补色）：互补色是对比最强烈的配色方式，视觉效果充满了力量与活力。需要注意的是，由于对比过于强烈，最好在互补色中加入一定比例的黑色或白色作为调和。

- Compound（合成色）：合成色是互补色的变化版本，利用一组近似色代替一个互补色，这种配色方案同样可以产生比较强烈的对比，但是不会像互补色那样刺目，而且可以让色彩更丰富。

- Shades（暗色）：使用具有相同色度和饱和度，但亮度值不同的5种颜色，产生的效果和单色比较接近。不同配色方案的对比效果如图4-26所示。

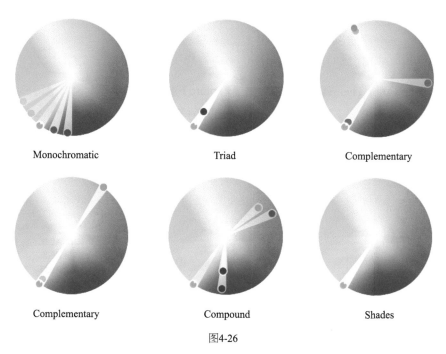

Monochromatic　　　　Triad　　　　Complementary

Complementary　　　　Compound　　　　Shades

图4-26

03 拖动色相环上的圆圈，可以调整色板的色相；拖动面板下方的滑块可以调整色板的饱和度。确定了配色方案后，单击 ⊞ 按钮就可以将5个色板添加到【色板】面板中，如图4-27所示。

04 单击【Sliders】标签，可以查看色板在不同颜色模式下的颜色值，如图4-28所示。

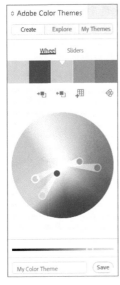

图4-27

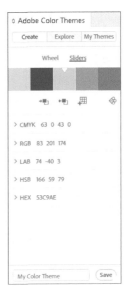

图4-28

4.3.2 导入色板

除了基本的配色功能以外，在Adobe Color Themes中还可以使用其他用户共享的配色方案。另外，用户还可以把其他文档中的色板设置导入到当前的文档中。

01 在【Adobe Color Themes】面板中单击【Explore】按钮，就会显示出其他用户共享的配色方案。单击配色方案下方的•••按钮，在弹出的列表中选择【Add to Swatches】，这个配色方案就被添加到【色板】面板中，如图4-29所示。

02 单击【色板】面板右上角的≡按钮，在弹出的列表中选择【载入色板】，如图4-30所示。

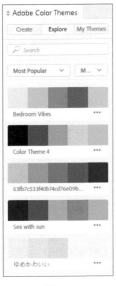

图4-29

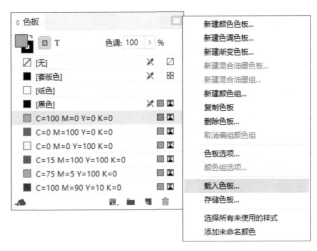

图4-30

03 在【打开文件】对话框中选择要导入色板的文档，单击【打开】按钮，选中文档中的色板就会导入到当前文档中。

上机实践

下面通过一个实例详细讲解使用【Adobe Color Themes】面板配色的完整流程，实例效果如图4-31所示。

图4-31

01 执行【文件】|【打开】命令，打开附赠素材中的【实例\第4章\实例02\开始.indd】文件，效果如图4-32所示。

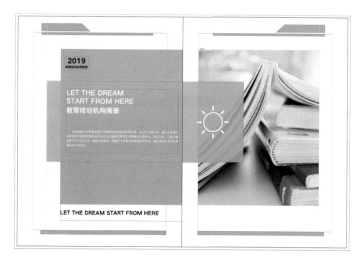

图4-32

02 双击工具箱下方的【填色】色板，打开【拾色器】对话框，将颜色值设置为CMYK＝29、62、95、0，单击【确定】按钮完成主色的配置，如图4-33所示。

03 执行【窗口】|【颜色】|【Adobe Color Themes】命令，打开【Adobe Color Themes】面板。单击┅▌按钮拾取主色，继续单击✣按钮，在弹出的列表中选择【Compound】，如图4-34所示。

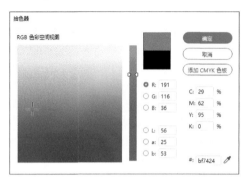

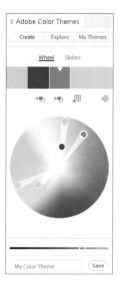

图4-33 图4-34

04 单击田按钮将配色方案添加到【色板】面板中。执行【窗口】|【颜色】|【色板】命令，在【色板】面板中展开【My Color Theme】，如图4-35所示。

05 将第二个和最后一个配色色板拖到面板下方的面按钮上删除，如图4-36所示。

图4-35 图4-36

06 按住Shift键选择图4-37所示的图形，单击【My Color Theme】中的第一个色板应用颜色。

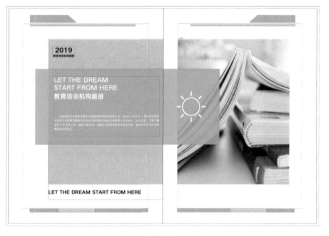

图4-37

07 选择如图4-38所示的图形，单击【My Color Theme】中的第二个色板。

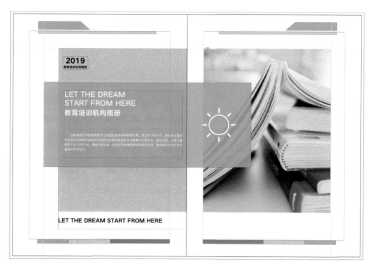

图4-38

08 选择页面1上的两个文本框架，先在【色板】面板中单击 **T**按钮，然后单击【My Color Theme】中的第二个色板，如图4-39所示。为其余的图形指定【My Color Theme】中的第三个色板完成实例的制作。

图4-39

第 5 章

图 像 处 理

图像作为最容易识别和记忆的信息载体之一，在版式设计中有着不可或缺的重要位置。InDesign提供了强大的图像处理功能，不但支持多种图像格式，还可以与Photoshop、Illustrator等图像处理软件协同工作。

本章首先介绍常用图像格式的特点和应用范围，然后详细讲解置入图像、编辑图像、管理图像链接等操作，最后还会学习根据印刷要求处理图像的方法。

图像相关基础知识

5.1

在讲述图像处理的具体操作之前，有必要先了解一下图像的基础知识，因为这部分内容是很多图像处理参数选项的设置依据。

5.1.1 像素和分辨率

只要涉及图像处理，首先应该了解像素和分辨率的概念。

1. 像素

像素是图像上最小的单位，每个像素都具有特定的位置信息和颜色值，将很多个像素按照从左到右、从上到下的顺序排列起来就形成了图像。如果读者觉得上述描述难以理解的话，在InDesign中将一张图像放大到4000％，就可以清楚地看清像素的原貌，如图5-1所示。

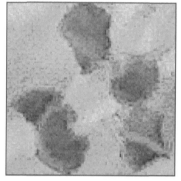

图5-1

2. 分辨率

图像分辨率的单位为PPI，也被称为像素每英寸或像素密度，即每英寸图像内有多少个像素点。在尺寸不变的情况下，图像上包含的像素越多，分辨率就越高，印刷出来的图像也就越精细。

在平面设计中，PPI和图像尺寸一起决定了图像文件的大小和质量。例如，一幅8英寸×6英寸，分辨率为100PPI的图像，如果保持图像文件的大小不变，也就是总像素数不变，将分辨率降为50PPI，那么这张图像的尺寸将变成16英寸×12英寸。把这两张图像印刷出来，后者的幅面将变成前者的4倍，而且图像的质量会下降很多，如图5-2所示。

如果在显示器上查看这两张图像，我们会发现这两幅图像不但图像尺寸相同，而且图像质量也没有任何区别。这是因为显示器通过水平方向像素数×垂直方向像素数来表述分辨率，虽然改变了图像的PPI值，但是总像素并没有改变。所以使用InDesign或Photoshop处理图像时，一定要注意图像分辨率和显示分辨率的区别。

在InDesign中查看图像分辨率的方法是执行【窗口】|【链接】命令，打开【链接】面板。在面板的【名称】列表中选择一张图像，在【链接信息】中就能看到这张图像的分辨率参数，如图5-3所示。

图5-2   图5-3

细心地读者会发现，【链接信息】中有【实际PPI】和【有效PPI】两个参数。【实际PPI】指的是原始图像的像素密度；【有效PPI】是图像经过InDesign缩放或裁切处理后的像素密度。决定文档最终输出质量的是【有效PPI】，如果【有效PPI】达不到印刷标准，就要考虑缩小图像或者更换图像素材。

印刷品对图像分辨率有哪些具体要求呢？一般来说，普通杂志和宣传单的图像分辨率最好保持在250～300PPI之间，精美画册和书籍的图像分辨率最好保持在350～400PPI之间，报纸的图像分辨率不能低于150～200PPI。

5.1.2 图像的种类

计算机中的图像分为位图和矢量图两种类型。

1. 位图

位图是由点阵像素构成的图像，上一节介绍像素和分辨率时，对应的就是位图图像。位图的特点是色彩层次丰富，可以产生近似相片的逼真效果；缺点是需要记录每个像素的位置和颜色值，会占用较大的存储空间。

常用的位图格式有以下几种：

- JPEG：JPEG格式采用有损压缩算法，大幅度减小体积的同时也会让图像产生一定程度的失真。
- BMP：BMP格式几乎不对图像进行压缩，用占用更多磁盘空间的代价，最大程度地保持图像的原貌。
- TIF：TIF格式支持多种编码方式，可以自由控制图像的压缩程度，具有很强的灵活性和扩展性，是出版和印刷行业公认的标准图像格式。

- PSD：PSD是Photoshop的专用文件格式，这种格式可以保存图层、透明度、路径等原始信息，与InDesign具有良好的交互性。
- PNG：PNG格式是一种无损压缩图像格式，同时支持24位真彩、8位灰度和Alpha透明度通道，主要用于在InDesign中置入带有透明信息的图像。

2. 矢量图

矢量图是用几何特性描述的图形，InDesign中的矩形、椭圆、直线等图形都属于矢量图的范畴。矢量图最大的特点图像质量与分辨率无关，任意放大和缩小都不会失真；缺点是色彩层次不丰富，难以表现逼真的实物效果，如图5-4所示。

图5-4

5.2 置入图像

在InDesign中置入图像的方法有很多，掌握每种操作方法的特点和适用范围后，读者可以根据实际情况灵活选择。

5.2.1 置入一般图像

使用【文件】│【置入】命令就可以把图像文件置入到文档的任意位置或者事先绘制好的各种框架内。

下面通过一个实例具体讲解，实例效果如图5-5所示。

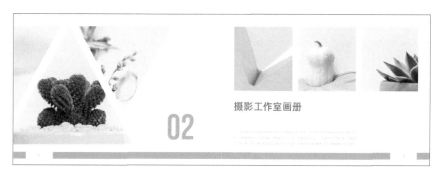

图5-5

1. 直接置入图像

01 执行【文件】|【打开】命令，打开附赠素材中的【实例\第5章\实例01\开始.indd】文件，效果如图5-6所示。

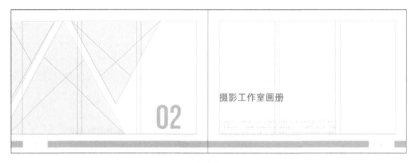

图5-6

02 执行【文件】|【置入】命令，打开【置入】对话框。双击附赠素材中的【实例\第5章\实例01\001.jpg】图像，如图5-7所示。

图5-7

03 在页面上按住鼠标拖动，会根据原始图像的宽高比置入图像，如图5-8所示。

04 双击图像进入编辑模式。将光标停留在图像上，稍等片刻图像中心会出现一个圆环图标，按住圆环图标拖动可以移动图像的位置，如图5-9所示。

图5-8

图5-9

提示

在【置入】对话框中双击图像后，在页面上单击可以按照原始图像的实际大小置入图像。按住鼠标拖动时，按住键盘上的Shift键可以改变置入图像的宽高比。

05 拖动褐色边框上的角点可以调整图像的大小和宽高比，如果图像大小超出了框架，相当于对图像进行剪切操作，如图5-10所示。

06 在【属性】面板中，单击【框架适应】选项组中的按钮可以自动调整图像和框架的大小关系，如图5-11所示。

图5-10   图5-11

各按钮的具体含义如下：

- **按比例填充框架**：按照图像的原始宽高比缩放图像，让框架的所有区域都充满图像。如果图像和框架的宽高比不同，图像的一部分将无法显示。
- **按比例适合内容**：按照图像的原始宽高比缩放图像，在框架内显示出完整的图像。如果图像和框架的宽高比不同，框架上会出现未被充满的区域，如图5-12所示。
- **内容适合框架**：通过不等比缩放让图像充满框架，如果图像和框架的宽高比不同，会让图像产生变形。
- **框架适合内容**：调整框架的大小使其适合图像的大小和宽高比，如图5-13所示。

按比例填充框架   按比例适合内容   内容适合框架   框架适合内容

图5-12   图5-13

- 内容居中：在不改变框架和图像大小的情况下移动图像的位置，使其与框架居中对齐。
- 内容识别调整：自动计算框架的尺寸和长宽比，并对图像的各个部分进行评估，根据评估结果确定图像的最佳显示部分。

07 再次执行【文件】|【置入】命令，框选附赠素材中的【实例\第5章\实例01\002.jpg】和【实例\第5章\实例01\003.jpg】图像，然后单击【打开】按钮，如图5-14所示。

图5-14

08 在页面2上拖动鼠标就可以连续置入图像，如图5-15所示。

图5-15

置入多张图像时，使用键盘上的方向键可以切换置入图像的顺序。

2. 将图像置入到框架中

在实际工作中很少使用直接置入图的操作，因为版式设计的常规流程是先利用矩形框架等占位符设计好页面的结构布局，然后才会在已经固定好位置和尺寸的框架中置入图像。

01 继续前面的实例。在页面1上选取中间的三角形框架，在【属性】面板中勾选【自动调整】复选框，如图5-16所示。

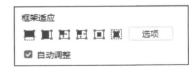

图5-16

02 按Ctrl＋D快捷键，在打开的【置入】对话框中双击附赠素材中的【实例\第5章\实例01\005.jpg】图像，置入的图像会自动匹配框架的大小，如图5-17所示。

03 在页面1上选中最右侧的三角形框架，按Ctrl＋D快捷键置入附赠素材中的【实例\第5章\实例01\006.jpg】图像。双击图像进入编辑模式，在【属性】面板中单击【变换】选项组中的【垂直翻转】按钮，然后单击【框架适应】选项组中的【按比例填充框架】按钮，结果如图5-18所示。

图5-17

图5-18

04 选择页面1上最左侧的三角形框架，按Ctrl＋D快捷键置入附赠素材中的【实例\第5章\实例01\004.jpg】图像。双击图像进入编辑模式，在【属性】面板中单击【垂直翻转】按钮后单击【按比例填充框架】按钮完成实例的制作。

5.2.2 置入PSD图像

　　在InDesign中置入PSD格式的图像时，不但可以导入路径、蒙版、Alpha通道等信息，还可以控制图层的显示情况。下面通过一个实例具体讲解，效果如图5-19所示。

图5-19

01 执行【文件】|【打开】命令，打开附赠素材中的【实例\第5章\实例02\开始.indd】文件，效果如图5-20所示。

02 执行【文件】|【置入】命令，在打开的【置入】对话框中勾选【显示导入选项】复选框，然后双击附赠素材中的【实例\第5章\实例02\002.psd】图像，如图5-21所示。

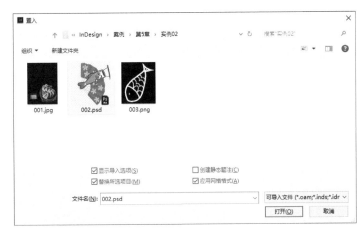

图5-20   图5-21

03 在【图像导入选项】对话框中单击【图层】选项卡，单击【图层1】前面的◉按钮将该图层隐藏后单击【确定】按钮，如图5-22所示。

04 在页面上拖动鼠标置入图像，然后调整图像框架的大小，单击【属性】面板中的【按比例填充框架】按钮，将图像移动到图5-23所示的位置。

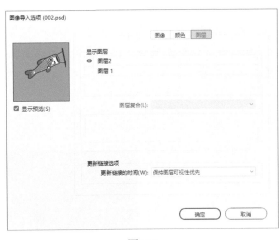

图5-22   图5-23

05 按Ctrl＋D快捷键打开【置入】对话框，双击附赠素材中的【实例\第5章\实例02\002.psd】图像。在【图层】选项卡单击【图层2】前面的◉按钮，如图5-24所示。

06 单击【确定】按钮后在页面上拖动鼠标置入图像，调整图像框架的大小和位置，结果如图5-25所示。

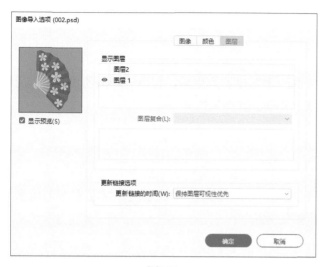

图5-24   图5-25

5.2.3 置入PNG图像

PNG图像的体积比PSD图像小得多，如果文档需要使用很多带有透明度信息的图像，将图像转换为PNG格式不但可以节约大量磁盘存储空间和网络传输时间，还能加快文档的编辑速度。

01 继续前面的实例。按Ctrl＋D快捷键打开【置入】对话框，确认【显示导入选项】复选框被勾选，然后双击附赠素材中的【实例\第5章\实例02\003.png】图像。

02 在【图像导入选项】对话框中单击【PNG设置】选项卡，在这里可以设置是否导入PNG图像上的透明信息，如图5-26所示。

03 单击【确定】按钮，在页面上拖动鼠标置入图像，调整图像框架的大小和位置完成实例的制作，如图5-27所示。

图5-26   图5-27

5.3 剪切图像

在默认设置下，置入的图像都显示为矩形，利用剪切路径功能不但可以随意设置图像的轮廓形状，还能去除图像的背景。

5.3.1 利用框架剪切图像

InDesign中的图像始终位于框架的内部，所以框架的形状也就决定了图像的轮廓形状。下面通过实例详解利用框架剪切图像的方法。

01 创建一个A4幅面的空白文档。单击工具箱中的【多边形工具】按钮⬡，在页面上单击鼠标，在打开的【多边形】对话框中设置【多边形宽度】和【多边形高度】参数均为100毫米，设置【边数】为12，【星形内陷】为20%，单击【确定】按钮生成图形，如图5-28所示。

02 执行【文件】｜【置入】命令，双击附赠素材中的【实例\第5章\实例03\001.jpg】图像后单击页面上的多边形，就得到了星形轮廓的图像，如图5-29所示。

图5-28

图5-29

03 单击工具箱中的【文字工具】按钮 T，在页面上创建文本框架后输入文字。选择所有文字后在【属性】面板中设置【字体】为【阿里巴巴普惠体】，设置【字体样式】为【Bold】，【字体大小】为72点，如图5-30所示。

框架剪切图像

图5-30

04 执行【文字】｜【创建轮廓】命令将文字转换为图形，选中图形后按Ctrl＋D快捷键，置入附赠素材中的【实例\第5章\实例03\002.jpg】图像，图像就被置入到文字内部，如图5-31所示。

框架剪切图像

图5-31

5.3.2 自动检测边缘

检测边缘功能可以去除图像上颜色最亮或最暗的区域，相当于对图像进行抠图操作。下面通过一个实例具体讲解，实例效果如图5-32所示。

01 执行【文件】|【打开】命令，打开附赠素材中的【实例\第5章\实例04\开始.indd】文件，如图5-33所示。

02 单击工具箱中的【矩形框架工具】⊠，创建一个框架后置入附赠素材中的【实例\第5章\实例04\001.jpg】图像。在【属性】面板中设置【W】为147毫米，【H】为150毫米，单击【框架适应】选项组中的【按比例填充框架】按钮▦，结果如图5-34所示。

图5-32

图5-33

图5-34

03 选中图像框架，执行【对象】|【剪切路径】|【选项】命令，打开【剪切路径】对话框，如图5-35所示。

其中各主要选项含义如下：

- 阈值：设置剪切路径的最暗像素值。增加数值会让图像上更多的像素变得透明。

- 容差：根据像素的亮度值与阈值的接近程度判断像素是否被剪切路径隐藏，增加数值可以让剪切路径的边缘更加平滑。

- 内陷框：均匀地扩展或收缩剪切路径的形状，增加数值可以隐藏通过【阈值】和【容差】值无法消除的孤立像素。

图5-35

- 反转：开启后使用最暗色调作为剪切路径。

- 包含内边缘：开启后，图像剪切路径内部的区域也可以变得透明，如图5-36所示。

关闭包含内边缘　　　　　　　　　　　　开启包含内边缘

图5-36

- 限制在框架中：创建终止于图像可见边缘的剪切路径，使用框架裁剪图像时可以生成更简单的路径。

- 使用高分辨率图像：开启后使用原始图像分辨率计算透明区域；取消勾选则根据屏幕显示分辨率计算透明区域。

04 在【类型】下拉列表中选择【检测边缘】，设置【阈值】参数为4，【容差】参数为2，【内陷框】参数为0.3毫米，勾选【包含内边缘】复选框后单击【确定】按钮完成设置，如图5-37所示。

图5-37

5.3.3 置入剪切路径

置入剪切路径就是利用Photoshop设定好的剪切路径去除背景，对于图像来说，置入剪切路径的意义不大，因为既然已经设置好了剪切路径还不如直接导出透明图像。不过利用置入剪切路径功能可以把Photoshop的自定义形状导入到InDesign中，Photoshop的自定义形状非常丰富，几乎所有形状都可以从互联网上下载到。掌握好这项功能，就相当于拥有了无限储备的图形素材。

下面通过实例讲解置入剪切路径的方法：

01 在Photoshop中单击工具箱中的【自定义形状工具】按钮，然后在【控制】面板上选择一个自定义形状，如图5-38所示。

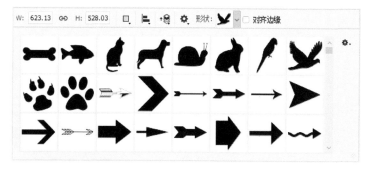

图5-38

02 在画布上创建形状路径后执行【窗口】|【路径】命令，单击【路径】面板中的按钮建立选区，单击面板右上角的按钮，在弹出的菜单中选择【建立工作路径】，如图5-39所示。

03 在【建立工作路径】对话框中设置【容差】参数为1毫米，然后单击【确定】按钮，如图5-40所示。

图5-39

图5-40

04 双击【路径】面板中的【工作路径】，弹出对话框后单击【确定】，如图5-41所示。再次单击按钮，在弹出的菜单中选择【剪贴路径】，继续在打开的对话框中设置【展平度】参数为1。

05 在【图层】面板中单击 ⬚ 按钮新建一个图层，然后将
【形状】和【背景】图层删除，如图5-42所示。执行【文
件】|【存储】命令保存图像，其格式选择【PSD】。

图5-41

图5-42

06 在InDesign中置入这张图像，执行【对象】|【剪切路径】|【将剪切路径转换为框架】
命令，就得到了完整的图形，如图5-43所示。

07 这个图形不但可以设置描边和填色，而且使用【直接选择工具】▷ 可以编辑路径上的锚
点，如图5-44所示。

图5-43

图5-44

5.4 图像显示方式

　　为了提高文档的显示速度和编排效率，在默认设置下，置入的图像会用
比较低的分辨率进行显示。执行【视图】|【显示性能】命令，通过子菜单
中的命令可以切换图像的显示模式，如图5-45所示。

图5-45

在不选择任何对象的情况下，在页面的任意位置单击鼠标右键，在弹出的快捷菜单中也可以切换图像的显示方式。

其中各命令含义如下：

- 快速显示：用灰色色块代表图像，在配置较低的电脑上编排图书、杂志等包含大量图像的文档，或者审阅文档时可以使用这种显示模式。
- 典型显示：用中等质量显示图像和透明度，在保证图像可以识别的前提下加快文档的显示速度。
- 高品质显示：显示图像的原始分辨率，通常在编辑图像或编排完成后检查文档时使用，如图5-46所示。

快速显示　　　　　　　　　典型显示　　　　　　　　　高品质显示

图5-46

执行【编辑】|【首选项】|【显示性能】命令，在打开的【首选项】对话框中可以修图像改默认的显示方式，如图5-47所示。

图5-47

图像的链接

5.5

将图像置入文档后，在页面上看到的只是原始图像通过链接形式显示出来的样本，这种设定的主要目的是将图像保存在文档外部，从而最大程度地降低文档体积。当文档需要导出或打印时，系统会通过保存在内部的链接地址查找原始图像，然后根据原始图像的分辨率创建输出。

5.5.1 链接面板

【链接】面板是管理和查看图像信息的中枢，执行【窗口】|【链接】命令就可以打开【链接】面板，如图5-48所示。

其中各主要选项的含义如下：

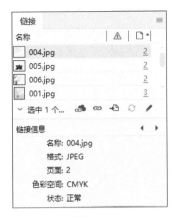

图5-48

- ⑦图标：表示原始图像已经不位于导入时的位置，原始图像可能被删除，也可能图像的存放路径或文件名被修改。

- ⚠图标：表示原始图像已经被修改，修改后的图像还没有在当前文档中更新。

- ⛓重新链接：打开【重新链接】对话框，可以快速查找图像的保存路径。

- 🔁转到链接：快速切换到图像所处的页面。

- 🔄更新链接：如果原始图像被修改，单击该按钮就可以更新图像。

- ✏编辑原稿：根据Windows默认程序设置打开看图软件或图像处理软件，如图5-49所示。

图5-49

提示

按住Alt键单击【更新链接】按钮🔄，可以更新文档中所有被修改过的图像。

5.5.2 将图像嵌入文档

由于InDesign的文档中不包含原始图像，如果只把文档远程发送给别人，对方打开文档后将无法看到图像。解决的方法有两种：第一种方法是把文档连同所有图像一并发送；

第二种方法是把图像嵌入到文档中。相比较而言，第二种方法更方便接收者查看文档。

将图像嵌入文档的方法如下：

01 打开【链接】面板，按住键盘上的Shift键，单击第一张和最后一张图像选取所有图像，如图5-50所示。

02 单击面板右上角的≡按钮，在弹出的快捷菜单中执行【嵌入链接】命令。嵌入完成后【链接】面板的状态栏中会显示图标，如图5-51所示。

图5-50

图5-51

把图像嵌入文档后，不但会大幅度增加文档的体积，而且嵌入的图像无法再随着原始图像的更新而更新。

图层

5.6

InDesign的图像处理功能大部分来源自Photoshop，Photoshop最有创意的图层功能自然也被引入到InDesign中。图层功能就像叠在一起的纸，透过上一张纸上的透明区域可以看到下一张纸上的图像，如图5-52所示。

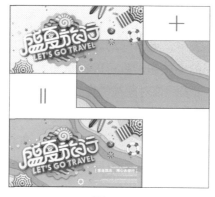

图5-52

5.6.1 新建图层

执行【窗口】|【图层】命令，打开【图层】面板。单击面板底部的【创建新图层】
按钮，创建一个新图层，如图5-53所示。

如果想在当前图层的下方创建一个新图层，可以按住Ctrl键单击【创建新图层】
按钮。

单击面板右上角的≡按钮，在弹出的快捷菜单中选择【新建图层】命令，可以打开
【新建图层】对话框，如图5-54所示。

图5-53

图5-54

其中各选项的含义如下：

- 颜色：在下拉列表中选择新建图层的颜色。
- 显示图层：开启后可以使图层上的对象可见并且能够打印。
- 显示参考线：开启后可以显示图层上的参考线。
- 锁定图层：开启后可以防止图层上的对象被更改。
- 锁定参考线：开启后可以防止图层上的参考线被更改。
- 图层隐藏时禁止文本绕排：开启该选项后，当图层处于隐藏状态时可以让其他图层上的
  文本正常排列。

5.6.2 移动图层上的对象

在【图层】面板的名称列表中，上下拖动对象名称就可以调整对象的图层顺序，如图
5-55所示。单击对象名称前面的◉按钮，就可以在页面上隐藏这个对象。单击◉按钮后面
的方框，当方框中显示🔒图标时表示该对象被锁定，如图5-56所示。

单击对象名称，当名称上出现蓝色底纹时单击面板下方的🗑按钮可以将该对象删除。
单击对象名称后面的□按钮，可以在页面上选中这个对象，如图5-57所示。

单击图层名称右侧的□按钮，可以选中图层中的所有对象；双击🖊按钮可以打开这个
图层的【图层选项】对话框，如图5-58所示。

图5-55

图5-56

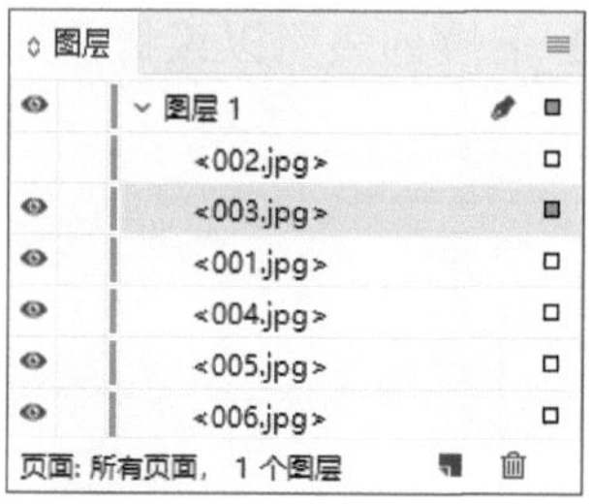

图5-57

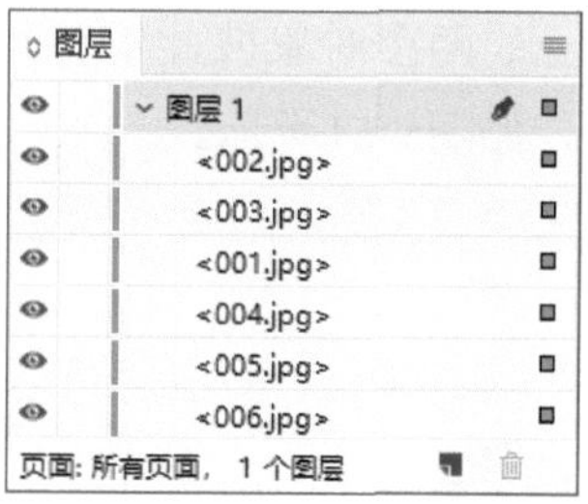

图5-58

5.6.3 合并图层

合并图层可以在不删除对象的情况下减少图层的数量。合并图层的方法是在【图层】面板中按住Shift键选择多个图层后单击鼠标右键，在弹出的快捷菜单中执行【合并图层】命令，选中的图层就被合并为一个图层，如图5-59所示。

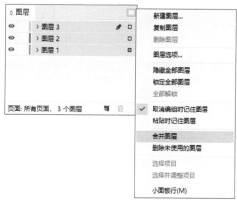

图5-59

第一个选中的图层被称为目标图层，图层合并后，所有对象都会移动到目标图层中。

效果面板

5.7

InDesign的效果功能相当于Photoshop中的图层混合模式和图层样式，利用效果功能可以为对象创建各种各样的特殊效果，使版面更具吸引力。

5.7.1 混合颜色

执行【窗口】│【效果】命令，打开【效果】面板，如图5-60所示。

图5-60

　　当页面上的两个对象彼此重叠时，通过【混合模式】下拉列表可以设置叠加部分的颜色混合效果，如图5-61所示。

正常模式　　　　　　　　　　变亮模式　　　　　　　　　　亮度模式

图5-61

效果面板中的主要选项含义如下：

- 不透明度：设置对象或者对象级别的不透明程度，数值越小、对象的不透明度越高。
- 对象：不透明度、混合效果和对象效果都可以应用到对象的不同级别，选中对象级别时，不透明度和效果会同时作用到对象的所有区域，包括框架的填色、描边，以及框架内部的图像和文字。
- 描边：不透明度修改和效果仅作用于对象的描边区域。
- 填充：不透明度修改和效果仅作用于对象的填色区域。
- 文本：不透明度修改和效果仅作用于框架中的文本，如图5-62所示。
- 分离混合：在默认设置下，对某个对象应用了混合模式后，该对象下方的所有对象都会受到影响。如果想让混合模式作只用于特定对象，可以先将需要混合的对象编组，然后勾选该复选框，如图5-63所示。
- 挖空组：分离混合选项可以让混合模式只影响编组的对象，挖空组选项是让混合模式不影响编组的对象。

填充透明度 = 50%

对象编组

文本透明度 = 50%

图5-62

分离混合

图5-63

5.7.2 对象效果

对象效果提供了制作阴影、发光、浮雕等特殊效果的功能，经常被用来制作按钮和具有立体感的标题。下面通过一个实例具体讲解，实例效果如图5-64所示。

01 执行【文件】|【打开】命令，打开附赠素材中的【实例\第5章\实例05\开始.indd】文件，效果如图5-65所示。

02 选中页面上的文本框架，执行【窗口】|【效果】命令，打开【效果】面板。在【效果】面板中双击【文本】，如图5-66所示。

图5-64

图5-65

图5-66

03 在【效果】面板中勾选【投影】复选框，设置【距离】为4毫米，【大小】为3毫米，如图5-67所示。投影的效果如图5-68所示。

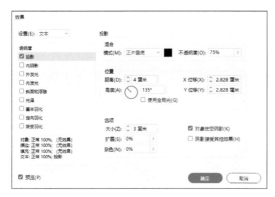

图5-67   图5-68

04 勾选【斜面和浮雕】复选框，在【方法】下拉列表中选择【雕刻清晰】，设置【大小】
参数为1.5毫米，【高度】参数为70°，【突出显示】和【阴影】的【不透明度】均为
100％，如图5-69所示。斜面和浮雕的效果如图5-70所示。

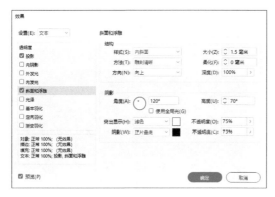

图5-69   图5-70

05 勾选【内阴影】复选框，设置【不透明度】为100％，【距离】参数为5毫米，【大小】参
数为10毫米，如图5-71所示。内阴影效果如图5-72所示。

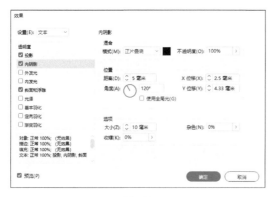

图5-71   图5-72

06 勾选【内发光】复选框，修改色板的颜色值为CMYK＝100、90、10、0，设置【不透明
度】参数为20％，【大小】为5毫米，如图5-73所示。内发光效果如图5-74所示。

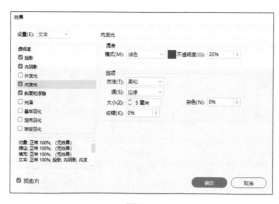

图5-73

图5-74

07 勾选【光泽】复选框,修改色板的颜色值为CMYK=15、100、100、0,设置【不透明度】参数为25%,【距离】和【大小】参数均为3毫米,如图5-75所示。光泽效果如图5-76所示。

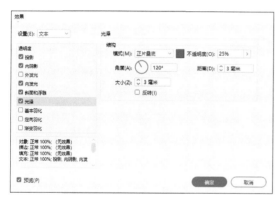

图5-75

图5-76

08 勾选【外发光】复选框,修改色板的颜色为黑色。在【模式】下拉列表中选择【正片叠底】,设置【不透明度】参数为100%,【大小】参数为0.5毫米,如图5-77所示。外发光效果如图5-78所示。

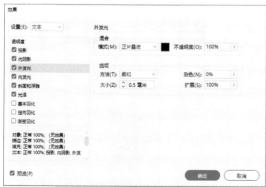

图5-77

图5-78

09 勾选【基本羽化】复选框，设置【羽化宽度】为1毫米，单击【确定】按钮完成设置，如图5-79所示。基本羽化效果如图5-80所示。

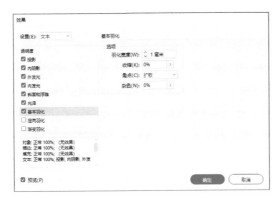

图5-79   图5-80

10 单击【效果】面板下方的 🗑 按钮，就可以删除应用到对象上的效果。单击 ☑ 按钮不但可以删除应用在对象上的效果，还会将对象设置为完全不透明，如图5-81所示。

图5-81

5.8 文本绕排

当图像和文本处于同一图层，并且相互重叠时，一部分文本或者图像就会被遮挡住。使用文本绕排功能可以很轻松地解决这个问题。

下面通过实例详细讲解，实例效果如图5-82所示。

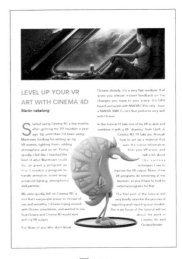

图5-82

01 执行【文件】|【打开】命令，打开附赠素材中的【实例\第5章\实例06\开始.indd】文件，效果如图5-83所示。

02 执行【窗口】|【文本绕排】命令，打开【文本绕排】面板，如图5-84所示。

图5-83

图5-84

其中各主要选项含义如下：

- 无文本绕排：取消所有的文本绕排设置，让文本与图像恢复到重叠状态。
- 沿定界框绕排：让文本沿着图像的边框绕排。
- 沿对象形状绕排：让文本沿着图像的轮廓绕排，图像的轮廓由图形框架、不透明度通道和剪切路径决定，如图5-85所示。

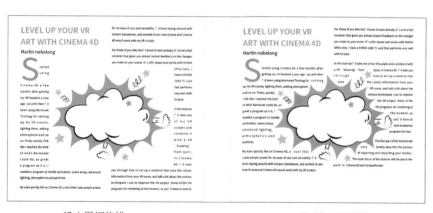

沿定界框绕排　　　　　　　　　　　　沿对象形状绕排

图5-85

- 上下型绕排：绕排的文本会跳过图像所在的行，排列在图像的上方和下方。
- 下型绕排：绕排的文本只出现在图像上方，如果排列到图像下方会自动跳转到下一页。
- 反转：将绕排在图像周围的文本放置在图像内部，如图5-86所示。

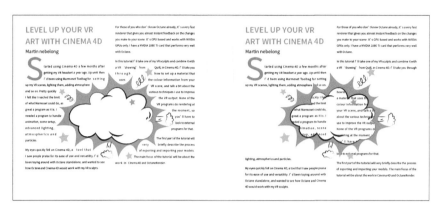

正常　　　　　　　　　　　　　　　　　反转

图5-86

- 位移：增加数值会让文本远离图像，如果数值为负，绕排边界将位于边框内部。

- 绕排至：通过下拉列表中提供的选项可以让文本绕排在图像或书脊的特定一侧。

- 类型：只有绕排类型为【沿对象形状绕排】时才能使用，在下拉列表中可以选择确定图像轮廓的方式。

- 包含内边缘：如果图像内部包含透明区域，开启该选项后，绕排的文本会出现在图像内部，如图5-87所示。

图5-87

03 按Ctrl＋D快捷键置入附赠素材中的【实例\第5章\实例06\001.jpg】图像，然后将图像移动到图5-88所示的位置。

04 单击【文本绕排】面板中的【上下型绕排】按钮，单击 按钮取消所有位移参数的锁定，然后设置【下位移】参数为10毫米，如图5-89所示。

图5-88

图5-89

05 继续按Ctrl＋D快捷键置入附赠素材中的【实例\第5章\实例06\002.png】图像，按照图5-59 所示调整图像的尺寸和位置，如图5-90所示。

06 单击【文本绕排】面板中的【沿对象形状绕排】按钮，在【类型】下拉列表中选择 【Alpha通道】，设置【上位移】参数为4毫米，如图5-91所示。

图5-90

图5-91

按印刷标准批量处理图像

5.9

将图像素材置入InDesign文档之前，基本都要经过Photoshop处理，处理的内容主要是调整图像分辨率和颜色模式。另外，在设计杂志、图书等印刷品时往往要处理上百张图像，使用Photoshop的批处理功能可以大幅度提高工作效率。这里将介绍一下按照印刷要求批处理图像素材的方法。

01 首先把所有需要处理的图像素材都复制在一个文件夹中。运行Photoshop后打开文件夹中的任意一张图像，单击【动作】面板中的按钮，在弹出的对话框中取一个易于识别的动作名称，然后单击【记录】按钮，如图5-92所示。

图5-92

02 执行【图像】｜【模式】｜【CMYK颜色】命令转换颜色模式。继续执行【图像】｜【图像大小】命令，在弹出的对话框中取消【重定图像像素】复选框的勾选，设置【分辨率】参数为300，如图5-93所示。

03 执行【文件】｜【存储为】命令，设置图像的保存格式为TIFF，将保存路径设置为一个空白文件夹后单击【保存】按钮，如图5-94所示。

图5-93

图5-94

04 在【动作】面板中单击■按钮停止记录动作，如图5-95所示。

05 执行【文件】|【自动】|【批处理】命令打开设置对话框，在【动作】下拉列表中选择刚刚创建的动作，单击【源】选项组中的【选择】按钮，然后选择图像素材所在的文件夹，如图5-96所示。

图5-95

图5-96

06 单击【目标】选项组中的【选择】按钮，选择用来保存转换图像的空白文件夹。勾选【覆盖动作中的"存储为"命令】复选框，单击【确定】按钮，Photoshop就会按照设置好的动作处理所有图像，如图5-97所示。

图5-97

5.10 上机实践

下面通过一个实例学习更多的图像处理技巧，实例效果如图5-98所示。

图5-98

01 执行【文件】|【打开】命令，打开附赠素材中的【实例\第5章\实例07\开始.indd】文件。执行【窗口】|【颜色】|【色板】命令，设置第一个自定义色板的颜色值为CMYK＝70、0、40、0，设置第二个色板的颜色值为CMYK＝0、43、90、0，如图5-99所示。

02 在【控制】面板中设置【填色】为第一个色板，设置【描边】为【无】。单击工具箱中的【矩形工具】按钮▢，捕捉出血线创建满版的矩形，如图5-100所示。

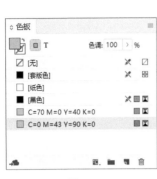

图5-99 图5-100

03 再次在页面上创建一个满版矩形，执行【窗口】|【颜色】|【渐变】命令，打开【渐变】面板。在【类型】下拉列表中选择【径向】，单击渐变色谱上方的滑块◇，设置【位置】参数为60%。将【色板】面板中的第一个自定义色板拖动到第二个色标上，如图5-101所示。

04 执行【窗口】|【效果】命令，打开【效果】面板。选中【对象】，设置【不透明度】参数为70%，如图5-102所示。

图5-101 图5-102

05 单击工具箱中的【矩形框架工具】按钮⊠，捕捉出血线创建满版的框架。勾选【控制】面板中的【自动调整】复选框，按Ctrl＋D快捷键置入附赠素材中的【实例\第5章\实例07\001.png】图像，如图5-103所示。

06 再次捕捉出血线创建满版的矩形框架，按Ctrl＋D快捷键置入附赠素材中的【实例\第5章\实例05\002.png】图像。执行【窗口】|【图层】命令，在【图层】面板中将【002.png】图层拖到【001.png】图层的下方，如图5-104所示。

07 单击工具箱中的【文字工具】按钮T，在页面上方创建一个文本框架，然后输入【鲜榨果汁】，如图5-105所示。

08 选中文本框架中的文本，在【属性】面板中设置【填色】为第二个自定义色板，【描边】为【纸色】，【描边粗细】为5点，继续设置【字体】为【隶书】，设置【字体大小】为96点，结果如图5-106所示。

图5-103

图5-104

图5-105

图5-106

09 在【效果】面板中双击【文本】，在打开的【效果】对话框中勾选【外发光】复选框，在【模式】下拉列表中选择【正常】，设置颜色为【黑色】。继续设置【不透明度】为50％，【大小】为5毫米，单击【确定】按钮完成设置，如图5-107所示。

10 单击工具箱中的【文字工具】按钮**T**，创建一个文本框架并输入文字，如图5-108所示。

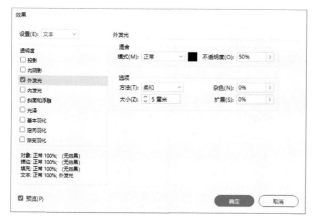

图5-107

图5-108

11 选中文本框架，在属性面板中设置【描边】为【纸色】，设置【粗细】为5点，在【类型】下拉列表中选择【细—粗】，结果如图5-109所示。

12 在【效果】面板中双击【文本】，在【效果】对话框中勾选【投影】复选框，设置【不透明度】为50%，【距离】和【大小】参数为2毫米。单击【确定】按钮完成设置，如图5-110所示。

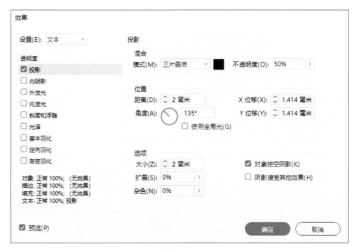

图5-109   图5-110

13 在页面上创建其他文本完成实例的制作，如图5-111所示。

图5-111

第6章

表格

表格是组织、整理和展示数据的重要手段，在各类出版物中的应用非常广泛。在InDesign中可以方便地处理表格，操作过程和在Word制作表格比较接近，使用过Word的读者都可以轻松上手。本章主要介绍创建和编辑表格的方法，重点掌握修改单元格属性、套用表格样式、正文与表格的互换等知识。

6.1 创建表格

InDesign只能制作普通表格，像直方图、饼状图等图表可以用Excel制作，制作完成后用图片的形式置入到文档中。普通表格由表题、表头、表身和表尾四个部分组成，各组成部分及其名称如图6-1所示。

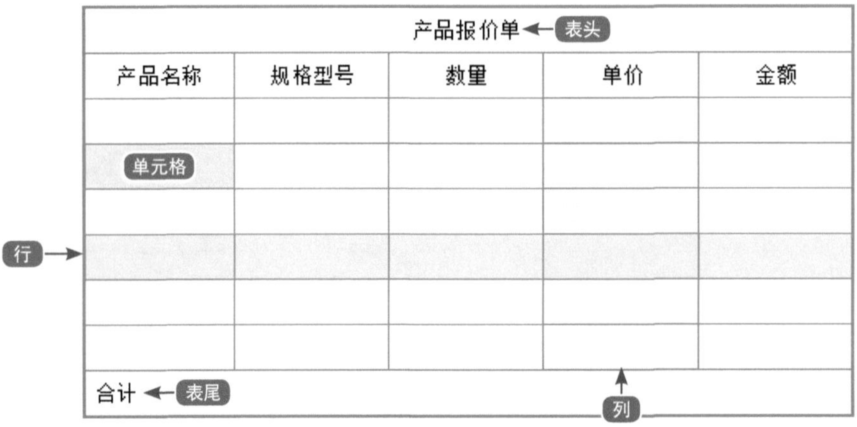

产品报价单 ← 表头				
产品名称	规格型号	数量	单价	金额
单元格				
行 →				
合计 ← 表尾			↑ 列	

图6-1

6.1.1 创建固定位置表格

在InDesign中既可以创建位置固定的表格，也可以创建跟随文本移动的表格。下面通过实例讲解创建固定位置表格的方法，实例效果如图6-2所示。

01 执行【文件】|【打开】命令，打开附赠素材中的【实例\第6章\实例01\开始.indd】文件，效果如图6-3所示。

图6-2 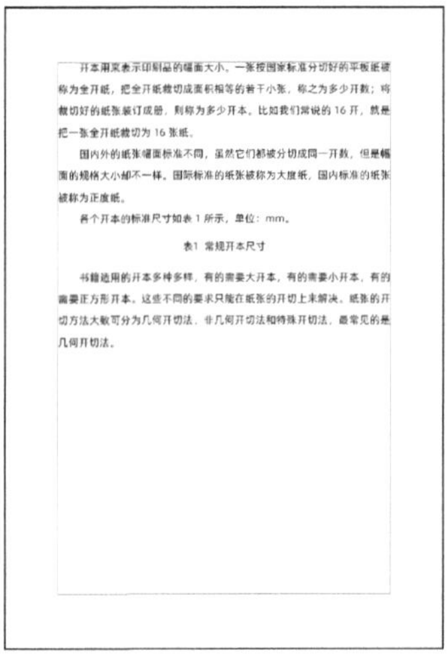   图6-3

02 执行【表】|【创建表】命令，打开【创建表】对话框，如图6-4所示。

其中各主要选项含义如下：

- 正文行/列：设置表体的行数和列数。
- 表头行/表尾行：设置表头和表尾的行数。表头就是表格的开头部分，主要用于输入表题或列的名称；表尾主要用来标注落款、日期或备注说明。
- 表样式：选择表格的外观样式，在默认设置下使用【基本表】样式。

03 设置【正文行】为7，【列】为3，【表头行】为1。单击【确定】按钮后在页面上拖动鼠标生成表格，如图6-5所示。

图6-4

图6-5

04 执行【窗口】|【文本绕排】命令，单击【文本绕排】面板中的【上下型绕排】按钮，设置【上位移】和【下位移】参数均为2毫米，如图6-6所示。

05 激活工具箱中的【选择工具】，将表格移动到合适的位置，如图6-7所示。

图6-6

图6-7

6.1.2 创建随文表格

设计宣传单、报表等印刷品时通常创建位置固定的表格，因为这种表格不会受到文本、图片等版面构成要素的干扰。编排手册、图书等长文档时,往往需要创建很多表格,而且这些表格分布在文档的各个页面。如果创建位置固定的表格,对正文进行增减后还要逐个调整表格的位置。遇到这种情况,就要创建可以跟随正文的增减自动调整位置的表格。

01 继续前面的实例。使用工具箱中的【移动工具】▶单击表格将其选中,按键盘上的Delete键将选中的表格删除。双击文本框架进入编辑模式,按键盘上的Enter键在表题下方另起一行,如图6-8所示。

02 执行【表】|【插入表】命令,在打开的【创建表】对话框中根据需要设置表格的参数,单击【确定】按钮后就可以生成随文表格,如图6-9所示。

图6-8

图6-9

选择与编辑表格

6.2

在编辑表格的过程中,最常用到的就是选择单元格、调整表格大小、调整行数和列数、拆分与合并单元格等操作。

6.2.1 选择单元格

激活工具箱中的【文字工具】**T**后单击一个单元格,或者使用工具箱中的【选择工具】▶双击都可以进入表格的编辑模式。

01 将光标移动到表格的左上角,当光标显示为↘时单击就可以选中整个表格,如图6-10所示。

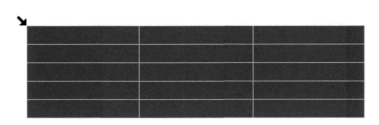

图6-10

02 将光标移动到表格的左边框，光标显示为➡时单击可以选中一整行，如图6-11所示。

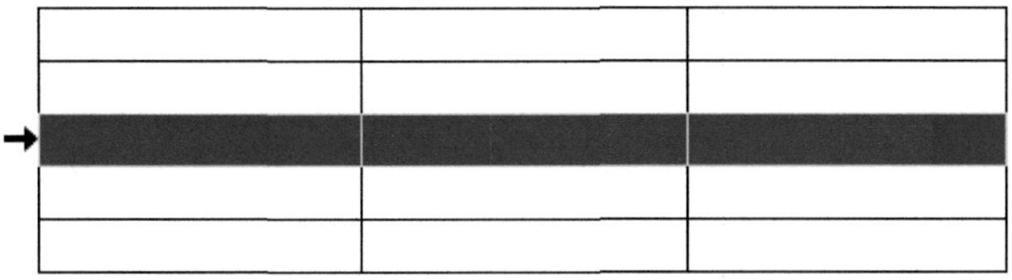

图6-11

03 将光标移动到表格的上边框，光标显示为⬇时单击可以选中一整列，如图6-12所示。

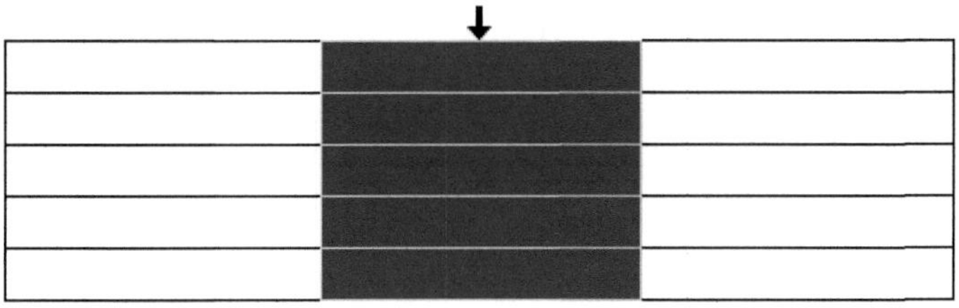

图6-12

04 按键盘上的Esc键可以选中文本插入点所处的单元格；按住鼠标在单元格内拖动，可以选中多个单元格，如图6-13所示。

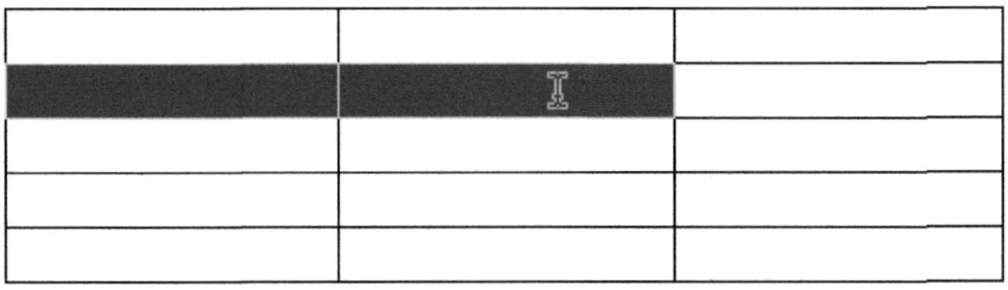

图6-13

选中一个单元格后按住键盘上的Shift键，按键盘上的方向键可以加选相邻的单元格。

6.2.2 调整表格大小

在默认设置下，新建表格的每一行宽度和每一列高度都相同。使用下面的方法可以调整表格、行和列的大小。

01 选择工具箱中的【文字工具】 T ，将鼠标移动到表格的右下角，当光标变成 ↖ 显示时拖动鼠标，就可以调整表格大小，如图6-14所示。

图6-14

02 将光标移动到行线上，光标变成 ↔ 显示时按住鼠标上下拖动可以增加或减小行高，如图6-15所示。

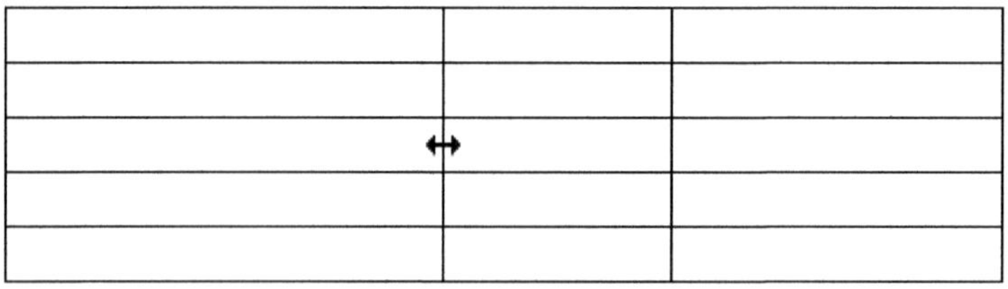

图6-15

03 将光标移动到列线上，光标变成 ↕ 显示时按住鼠标左右拖动可以增加或减小列宽，如图6-16所示。

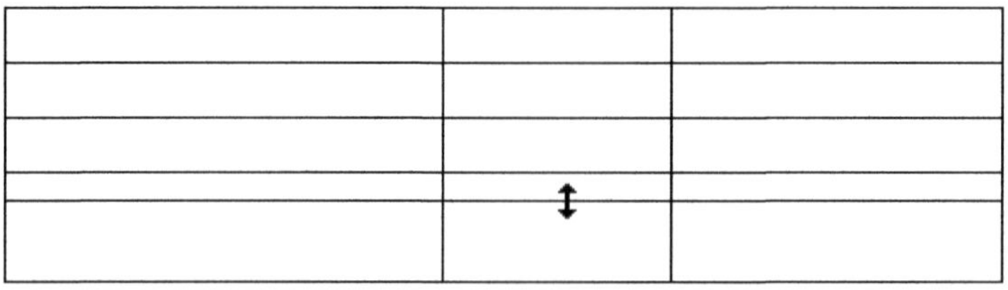

图6-16

提示

　　调整行高和列宽时，表格的尺寸也会一起改变。按住键盘上的Shift键，可以在不改变表格大小的情况下调整行高和列宽。

04 选中需要调整的单元格，在【属性】面板上单击【表尺寸】选项组中的•••按钮，通过【行高】和【列宽】参数可以精确控制单元格的大小，如图6-17所示。

05 选中需要调整的单元格，执行【表】|【均匀分布行】或【均匀分布列】命令，选中的单元格的行高或列宽会被平均分配为相同尺寸，如图6-18所示。

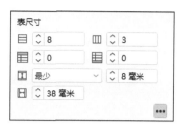

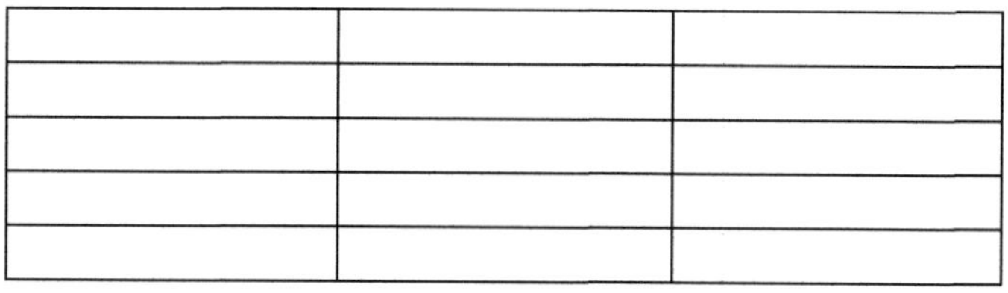

图6-17

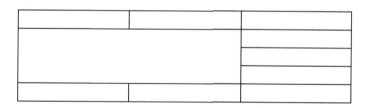

图6-18

6.2.3 拆分与合并单元格

对表格进行编辑操作时，有时候需要将一个单元格拆分为多个单元格；有时候需要将多个单元格合并为一个单元格。

01 选择表格中需要合并的单元格，执行【表】|【合并单元格】命令，选中的单元格就被合并为一个，如图6-19所示。

图6-19

02 将文本插入点放置在合并的单元格中，执行【表】|【取消合并单元格】命令，就可以取消单元格的合并。

03 将文本插入点放置在要拆分的单元格中，执行【表】|【垂直拆分单元格】或【表】|【水平拆分单元格】命令，可以将这个单元格均匀拆分成两列或两行，如图6-20所示。

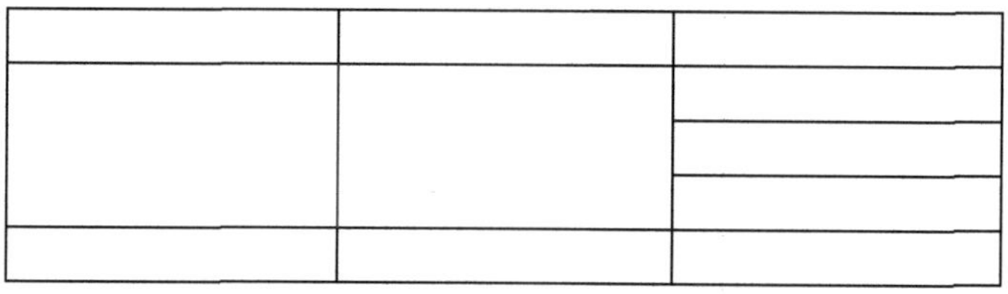

图6-20

选中单元格后单击鼠标右键，在弹出的菜单中可以更快捷的进行常用的表格编辑操作。

6.2.4 插入/删除行或列

如果表格中的行数或列数不够，可以插入更多的行和列；当表格中的行数与列数太多时，也可以删除行和列。

01 将文本插入点放置到一个单元格中，执行【表】｜【插入】｜【行】命令，打开【插入行】对话框，如图6-21所示。设置要插入的行数后选择插入行的位置，单击【确定】按钮就可以生成更多的行。

02 执行【表】｜【插入】｜【列】命令，可以为表格插入更多的列。

图6-21

按键盘上的Tab键可以将文本插入点切换到下一个单元格，如果文本插入点处于表格的最后一个单元格，再次按下Tab键就会插入一行。

03 执行【表】｜【删除】｜【行】或【列】命令，可以将文本插入点所处的行或列删除。

6.2.5 文本与表格互换

编排图书时，通常以纯文本的方式置入Word文档，如果文档中包含表格，表格会被转换为用制表符间隔的文本，如图6-22所示。

印刷方式	承印材料	加网线 /lpi	陷印值 /mm
单张纸胶印	有光铜版纸	150	0.08
单张纸胶印	无光纸	150	0.08
卷筒纸胶印	有光铜版纸	150	0.1
卷筒纸胶印	商业印刷纸	133	0.13
卷筒纸胶印	新闻纸	100	0.15
柔性版印刷	有光材料	133	0.15
柔性版印刷	新闻纸	100	0.2
柔性版印刷	牛皮纸	65	0.25
丝网印刷	纸或纺织品	100	0.15
凹印	有光表面	150	0.08

图6-22

01 选取这些文本，执行【表】|【将文本转换为表】命令，打开【将文本转换为表】对话框，如图6-23所示。

02 单击【确定】按钮，选中的文本就被转换成表格，如图6-24所示。

提 示

除了制表符以外，逗号也可以作为转换表格时的列分隔符。在文本之间插入制表符的方法是按键盘上的Tab键。

印刷方式	承印材料	加网线 /lpi	陷印值 /mm
单张纸胶印	有光铜版纸	150	0.08
单张纸胶印	无光纸	150	0.08
卷筒纸胶印	有光铜版纸	150	0.1
卷筒纸胶印	商业印刷纸	133	0.13
卷筒纸胶印	新闻纸	100	0.15
柔性版印刷	有光材料	133	0.15
柔性版印刷	新闻纸	100	0.2
柔性版印刷	牛皮纸	65	0.25
丝网印刷	纸或纺织品	100	0.15
凹印	有光表面	150	0.08

将文本转换为表

列分隔符(C): 制表符

行分隔符(R): 段落

列数(N):

表样式(T): [基本表]

确定

取消

图6-23　　　　　　　　　　　　　　　　图6-24

03 选取表格中的所有文本，执行【表】|【将表转换为文本】命令，在弹出的对话框中单击【确定】按钮，又可以将表格恢复成文本。

6.3 表格外观设置

表格外观设置包括表框和单元格的描边色、填充色和线条粗细，通过这些选项可以增强表格的外观美感。下面通过一个实例学习设置表格外观属性的方法，实例效果如图6-25所示。

课程表

星期\课程	星期一	星期二	星期三	星期四	星期五
第一节					
第二节					
第三节					
第四节					
第五节					

图6-25

01 执行【文件】｜【打开】命令，打开附赠素材中的【实例\第6章\实例02\开始.indd】文件，效果如图6-26所示。

02 双击表格进入编辑模式，执行【表】｜【表选项】｜【表设置】命令，打开【表设置】对话框，如图6-27所示。

图6-26

图6-27

03 在【表外框】选项组中设置【粗细】为2点，在【颜色】下拉列表中选择第一个自定义色板，如图6-28所示。

04 单击【行线】选项卡，在【交替模式】下拉列表中选择【每隔一行】。设置两个【粗细】参数均为1点，在两个【颜色】下拉列表中均选择第一个自定义色板，设置第二个【色调】参数为100％，如图6-29所示。

图6-28

图6-29

05 单击【列线】选项卡，在【交替模式】下拉列表中选择【每隔一列】。设置两个【粗细】参数均为1点，在两个【颜色】下拉列表中均选择第一个自定义色板，设置第二个【色调】参数为100%，如图6-30所示。效果如图6-31所示。

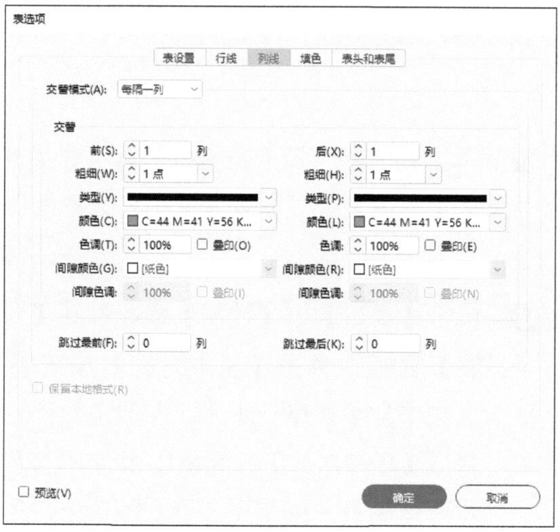

图6-30

图6-31

06 单击【填色】选项卡，在【交替模式】下拉列表中选择【每隔一行】。在【颜色】下拉列表中选择第二个自定义色板，设置【色调】参数为50%，单击【确定】按钮完成设置，如图6-32所示。效果如图6-33所示。

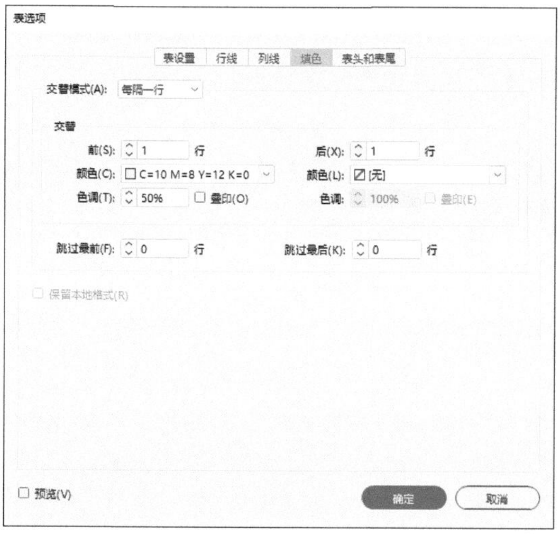

图6-32

图6-33

6.4 单元格外观设置

在表格中输入文字后就会涉及文字与表格的对齐和表格内的文字颜色设置等问题，本节将继续前面的实例，讲解设置表格中的文字颜色和单元格外观属性的方法。

01 将鼠标移动到表格的左上角，当光标显示为↘时单击选中整个表格。单击工具箱底部的【格式针对文本】按钮**T**，在【属性】面板中单击【填色】就可以设置表格内文本的颜色，如图6-34所示。

课程表					
	星期一	星期二	星期三	星期四	星期五
第一节					
第二节					
第三节					
第四节					
第五节					

图6-34

02 执行【窗口】|【控制】命令打开【控制】面板，单击【居中对齐】按钮 让文本与单元格在水平方向居中对齐；单击【居中对齐】按钮，让文本与单元格在垂直方向居中对齐，如图6-35所示。效果如图6-36所示。

图6-35

03 将光标移动到表格的左侧边框，光标显示为→时单击选中表头行。单击【选项】面板中的【上对齐】按钮，将【描边】设置为【无】，结果如图6-37所示。

课程表					
	星期一	星期二	星期三	星期四	星期五
第一节					
第二节					
第三节					
第四节					
第五节					

图6-36

课程表					
	星期一	星期二	星期三	星期四	星期五
第一节					
第二节					
第三节					
第四节					
第五节					

图6-37

04 在【描边】选择区中双击外部边框取消所有外部边框的选取，然后单击选取下方的边框。设置【描边】为第一个自定义色板，设置【粗细】参数为2点，如图6-38所示。效果如图6-39所示。

图6-38

课程表

	星期一	星期二	星期三	星期四	星期五
第一节					
第二节					
第三节					
第四节					
第五节					

图6-39

提 示

在描边选择区中双击一个外部边框可以选择所有的外部边框；双击一个内部边框可以全选所有的内部边框；在任意位置点击3次鼠标可以全选所有边框；再次点击3次鼠标可以取消所有边框的选择。

05 选中工具箱中的【文字工具】T，单击表身的第一个单元格。执行【表】|【单元格选项】|【对角线】命令，打开【单元格选项】对话框，如图6-40所示。

06 单击◹按钮，设置【粗细】为1点，在【颜色】下拉列表中选择第一个自定义色板，单击【确定】按钮就会在单元格内生成斜线表头，如图6-41所示。

图6-40

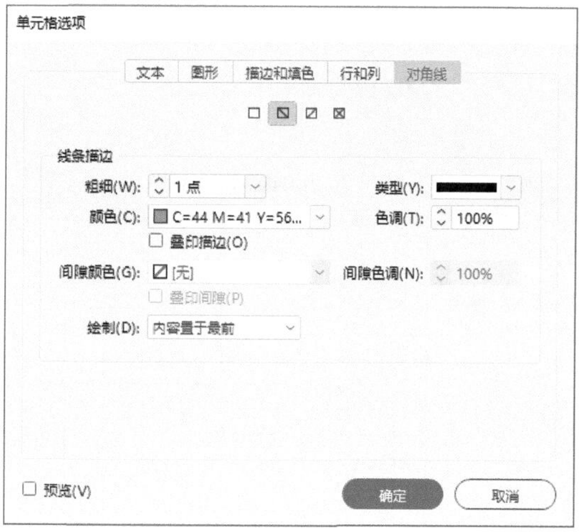

图6-41

07 在单元格内输入文本【星期】，在【控制】面板中单击【右对齐】按钮≡，设置【右缩进】参数为2毫米，如图6-42所示。

08 按键盘上的Enter键另起一行，然后输入【课程】。在【控制】面板中单击【左对齐】按钮≡，设置【左缩进】参数为2毫米，如图6-43所示。

课程表

星期	星期一	星期二	星期三	星期四	星期五
第一节					
第二节					
第三节					
第四节					
第五节					

图6-42

课程表

星期 课程	星期一	星期二	星期三	星期四	星期五
第一节					
第二节					
第三节					
第四节					
第五节					

图6-43

6.5 表头与表尾设置

创建较长的表格时，表格可能会跨越多个栏或页面。使用表头和表尾功能，可以在表格每个拆开部分的顶部或底部重复信息，对不跨栏或页面的表格没有意义。下面通过一个实例讲解设置表头和表尾的方法，实例效果如图6-44所示。

办公用品清单明细表

序号	名称	规格	数量	单位	单价	合计
合计（元）						

办公用品清单明细表

序号	名称	规格	数量	单位	单价	合计
合计（元）						

图6-44

01 执行【文件】|【打开】命令，打开附赠素材中的【实例\第6章\实例03\开始.indd】文件，效果如图6-45所示。

02 激活工具箱中的【文字工具】T，选中表格的前两行。在表格上单击鼠标右键，在弹出的快捷菜单中执行【转换为表头行】命令，如图6-46所示。

图6-45

图6-46

03 单击表格右下角的文本溢出标志⊞，在页面2上单击生成串接表格，如图6-47所示。

04 选中表格的最后一行，在表格上单击鼠标右键，在弹出的快捷菜单中执行【转换为表尾行】命令，如图6-48所示。

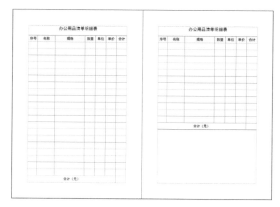

图6-47 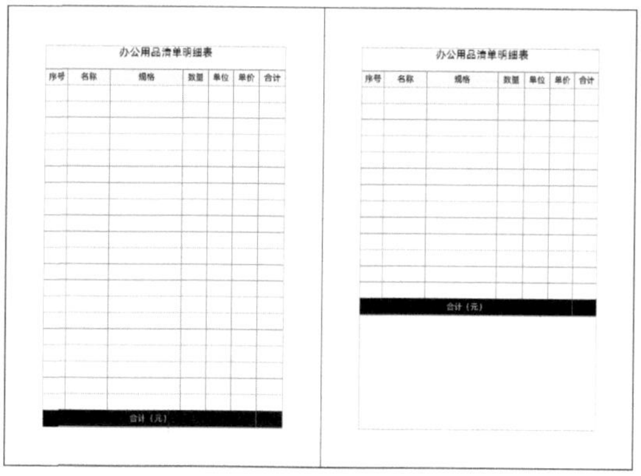   图6-48

05 执行【表】|【表选项】|【表头和表尾】命令，打开【表选项】对话框，在这里可以设置表头和表尾的重复方式，如图6-49所示。

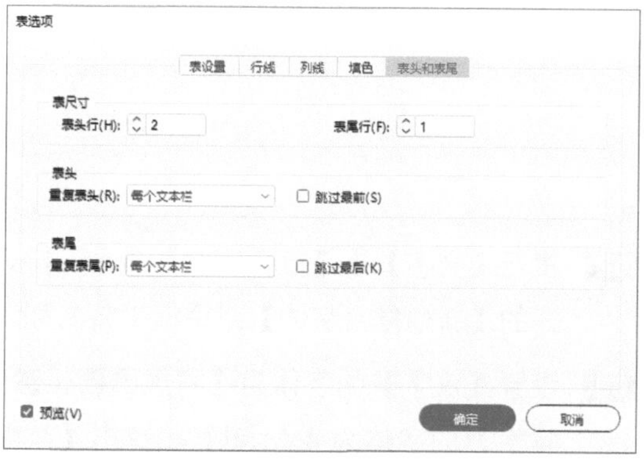

图6-49

上机实践

6.6

　　样式是InDesign的效率之源，图形、字符、段落、表格等对象都可以利用样式提高工作效率。下面通过一个实例学习利用样式快速设置表格的技巧，实例效果如图6-50所示。

图6-50

01 执行【文件】|【打开】命令，打开附赠素材中的【实例\第6章\实例04\开始.indd】文件，效果如图6-51所示。

图6-51

02 执行【文字】|【复合字体】命令，打开【复合字体编辑器】。单击【新建】按钮，在打开的【新建复合字体】对话框中将名称设置为【日历】，如图6-52所示。

03 设置【汉字】的字体为【阿里巴巴普惠体】，样式为【Regular】。设置【数字】和【罗马字】的字体为【Arial】。单击【存储】按钮，然后单击【确定】按钮完成设置，如图6-53所示。

图6-52

图6-53

04 执行【窗口】｜【样式】｜【字符样式】命令，在【字符样式】面板中单击🔳按钮新建一个样式。双击新建的样式打开【字符样式选项】对话框，设置样式名称为【日历】，如图6-54所示。

05 单击【基本字符格式】选项，在【字体系列】下拉列表中选择【日历】，设置【大小】为7点，如图6-55所示。

图6-54

图6-55

06 单击【字符颜色】选项，选择【柔色_主题】中的第一个色板。单击【确定】按钮完成字符样式设置，如图6-56所示。

07 执行【窗口】｜【样式】｜【表样式】命令，在【表样式】面板中单击按钮新建样式。双击新建的样式打开【表样式选项】对话框，设置样式名称为【日历】，如图6-57所示。

08 单击【表设置】选项，在【颜色】下拉列表中选择【无】，如图6-58所示。

09 单击【行线】选项，在【交替模式】下拉列表中选择【每隔一行】，在两个【颜色】下拉列表中均选择【无】。单击【列线】选项，进行与行线相同的设置。单击【确定】按钮完成设置，如图6-59所示。

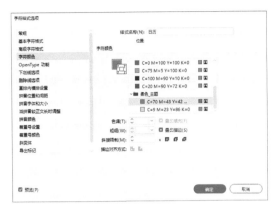

图6-56

图6-57

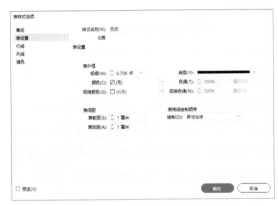

图6-58

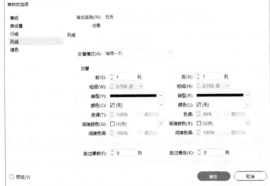

图6-59

10 执行【文件】|【置入】命令，在【置入】对话框中勾选【显示导入选项】复选框，取消【应用网格格式】复选框的勾选后，双击附赠素材中的【实例\第6章\实例04\日历.xlsx】文件，效果如图6-60所示。

11 打开【Microsoft Excel导入选项】对话框后，在【单元格范围】文本框中输入【A1：N7】，然后单击【确定】按钮，如图6-61所示。

图6-60

图6-61

12 在页面上拖动鼠标生成表格。激活工具箱中的【文字工具】T，按Ctrl＋Alt＋A快捷键选择整个表格。在【控制】面板中单击【居中对齐】按钮三和【下对齐】按钮，然后设置【行高】为4毫米，【列宽】为11.3毫米，结果如图6-62所示。

图6-62

13 选择表格的第一行，在【控制】面板中单击【居中对齐】按钮，设置【行高】为6毫米，如图6-63所示。

图6-63

14 选择表格的最后一行，在【控制】面板中单击【上对齐】按钮▦，设置【行高】为3毫米，如图6-64所示。继续将表格第三行和第五行的对齐方式设置为上对齐。

图6-64

15 激活工具箱中的【选择工具】▶，单击【控制】面板上的【框架适合内容】按钮▥，然后将表格移动到如图6-65所示的位置。

图6-65

16 激活工具箱中的【文本工具】T，修改文本的颜色和大小完成实例的制作。

第 **7** 章

长文档和交互文档

长文档是指总页数超过百页的长篇文章，长文档的特点是纲目结构复杂、内容多且有图有表、格式要求统一规范，因此编排起来有一定的难度。本章主要学习利用InDesign编排长文档的流程和方法，同时还要掌握章节编号、生成目录、添加页脚/页眉等功能。

页面和跨页

7.1

编排长文档时，经常需要对页面进行添加、删除、移动等操作，这些操作都可以在【页面】面板中进行。

7.1.1 认识页面面板

单击【属性】面板中的【页面】标签就能显示【页面】面板，【页面】面板由主页区、页面预览区和状态栏3个部分组成，如图7-1所示。从它在InDesign主界面的位置就能看出，【页面】面板在编排文档，特别是编排长文档时起着非常重要的作用。

下面通过一个实例学习【页面】面板的各项操作。

01 执行【文件】|【打开】命令，打开附赠素材中的【实例\第7章\实例01\开始.indd】文件，效果如图7-2所示。

02 切换到【页面】面板，从面板的状态栏上可以看到，这个文档由6个页面组成，其中包括4个跨页，如图7-3所示。

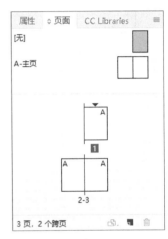

图7-1

图7-2

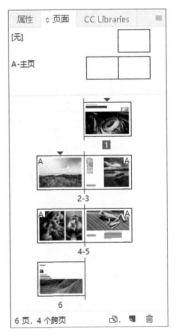

图7-3

03 在面板的空白位置单击鼠标右键，在弹出的【查看页面】子菜单中可以切换页面缩略图的排列方向，如图7-4所示。

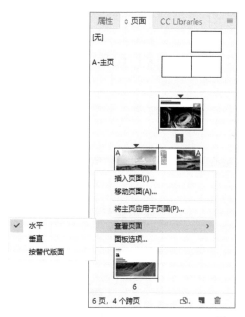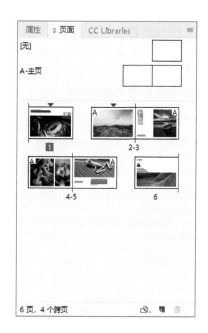

图7-4

04 单击面板右上角的≡按钮，在弹出的菜单中选
择【面板选项】命令，打开【面板选项】对话
框，如图7-5所示。

其中主要选项含义如下：

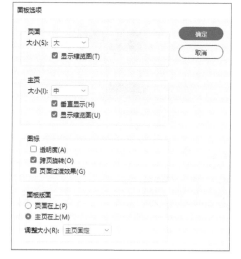

- 页面大小：在下拉列表中选择页面缩略图的
大小。

- 显示缩略图：取消勾选后，所有页面缩略图
切换成仅显示主页信息的空白状态。

- 主页大小：在下拉列表中选择主页缩略图的
大小。

- 垂直显示：取消勾选后，将主页缩略图切换
为水平排列。

图7-5

- 透明度：勾选该复选框后，如果某个页面上包含具有透明度属性的对象，这个页面缩略
图的右侧会显示图标。

- 跨页旋转：勾选该复选框后，如果对某个跨页视图进行了旋转操作，会在页面缩略图的
右侧显示图标。

- 页面过渡效果：勾选该复选框后，如果为某个页面添加了过渡效果，会在页面缩略图的
右侧显示图标。

- 页面在上：勾选该复选框后，页面预览区将位于主页区的上方。

- 页面在下：勾选该复选框后，页面预览区将位于主页区的下方。

7.1.2 添加和删除页面

大多数长文档在创建时很难统计准确的页面数量，很多时候都是从一个页面开始，一边编排一边根据需要增减页面。

01 继续前面的实例。在【页面】面板中单击一个页面的缩略图，缩略图变成蓝色显示，表示该页面处于选中状态，如图7-6所示。

02 单击面板下方的【新建页面】按钮◰，就会在当前选中的页面后面插入一个新页面，如图7-7所示。

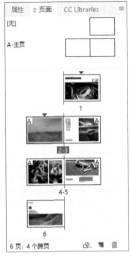

图7-6

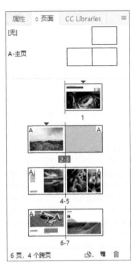

图7-7

提示

双击一个页面的缩略图可以将这个页面切换到编辑状态，同时文档窗口也会跳转到该页面。

03 单击面板右上角的≡按钮，在弹出的菜单中选择【插入页面】命令，在打开的【插入页面】对话框中可以添加多个页面，如图7-8所示。

图7-8

其中主要选项含义如下：

- 页数：输入需要插入的页面数量。
- 插入：在第一个下拉列表中选择插入页面的方向，在第二个下拉列表中选择插入点。例如图7-8中的设置表示在页面3的后面插入2个新页面。
- 主页：选择新插入页面应用的主页。

04 单击一个页面缩略图后按住键盘上的Ctrl键，继续单击其他的页面缩略图就可以加选更多的页面，如图7-9所示。

05 单击一个页面缩略图后按住键盘上的Shift键，单击另一个页面缩略图，可以选中两个页面缩略图之间的所有页面，如图7-10所示。

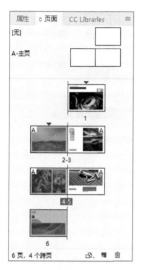

图7-9

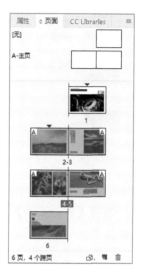

图7-10

单击跨页缩略图下方的数字序号就可以选中这个跨页，在【页面】面板的空白位置单击可以取消所有页面的选中状态。

06 单击面板下方的【删除选中页面】按钮⑪，选中的页面就会被删除。如果页面上已经添加了对象，删除页面之前会弹出如图7-11所示的【警告】对话框进行提示。

图7-11

7.1.3 移动和复制页面

如果两个页面上的内容相差不大，可以采取复制编辑好的页面，然后通过修改的方法提高编排效率。如果页面的顺序发生错乱，也要进行手动调整。

01 继续前面的实例。在【页面】面板中将要复制的页面拖动到面板下方的【新建页面】按钮⬛上，即可完成复制操作，如图7-12所示。

02 复制的页面会被排序为文档的最后一页，按住复制的页面缩略图，拖动鼠标就可以调整页面的顺序，如图7-13所示。

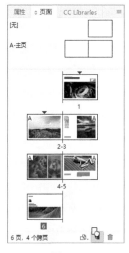

图7-12

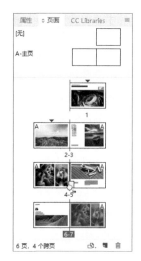

图7-13

03 如果文档的页面太多，可以选中要调整的页面缩略图后单击面板右上角的≡按钮，在弹出的菜单中选择【移动页面】命令，在打开的【移动页面】对话框中设置页面的序号，如图7-14所示。

图7-14

在【移动页面】对话框的【移至】下拉列表中可以把选中的页面移动到其他文档中。请注意，跨文档移动页面前需要在InDesign中打开目标文档。

使用主页

7.2

编排图书、杂志等长文档时，大多数页面上都有相同属性的重复内容，比如页码、页眉、页脚等。主页的作用就是集中创建和管理它们，这样就可以节省大量重复设置操作。

7.2.1 创建自动页码

页码就是标注在每个页面上的编号或数字，用来统计页数和便于读者检索。下面通过一个实例学习添加自动编号页码的方法，实例效果如图7-15所示。

图7-15

01 执行【文件】|【打开】命令，打开附赠素材中的【实例\第7章\实例02\开始.indd】文件，效果如图7-16所示。

02 切换到【页面】面板，双击【A-主页】进入到主页编辑模式，如图7-17所示。

图7-16

图7-17

03 在页面的左下角创建一个文本框架，执行【文字】|【插入特殊字符】|【标志符】|【当前页码】命令，在文本框架中插入页码标志，如图7-18所示。

04 在页码标志后方输入页脚文本，然后将页脚文本的【填色】设置为橘黄色色板。选中所有文本，设置【字体大小】为10点，结果如图7-19所示。

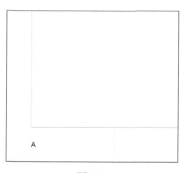

图7-18

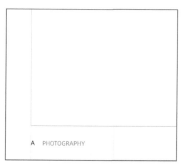

图7-19

05 单击工具箱中的【矩形工具】按钮▢，在页码标志前方创建一个矩形。在【属性】面板中设置【W】参数为13毫米，【H】参数为4毫米，然后将矩形移动到图7-20所示的位置。

06 将矩形和文本框架复制到跨页的另一个页面上，在文本框架中调整页码标志和页脚文本的位置，让两个页面的页脚完全镜像，如图7-21所示。

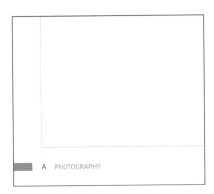

图7-20

图7-21

07 在【页面】面板中双击任意一个页面缩略图退出主页编辑模式。可以看到，所有页面上都添加了自动排序的页码，如图7-22所示。

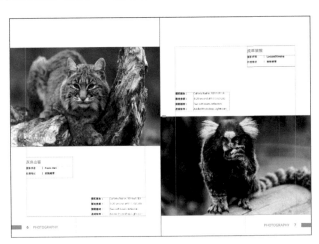

图7-22

7.2.2 替换和添加主页

利用主页功能可以非常方便地为所有页面添加页码，不过这里还有几个问题需要解决，并不是所有的页面都需要添加页码，而且有些长文档需要编排不同形式的页码。例如，书籍的封面和封底不能添加页码，扉页、版权页、目录页和附录内容一般不编码或另外编码。这里就讲解一下通过替换和添加主页操作调整页面编码的方法。

01 继续前面的实例，在【页面】面板中将【无】主页拖动到封面和封底的页面缩略图上，就可以替换应用在这两个页面上的主页，如图7-23所示。

02 浏览一下文档会发现，页面2上没有出现页码，这是因为页面上的页码被黑色矩形遮挡住了，如图7-24所示。

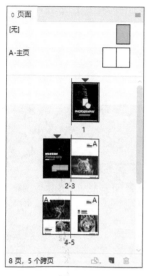

图7-23

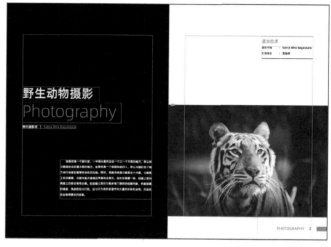

图7-24

03 单击【页面】面板右上角的≡按钮，在弹出的菜单中执行【新建主页】命令，打开【新建】主页面板，如图7-25所示。

其中主要选项含义如下：

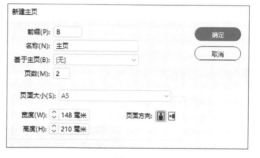

图7-25

- 前缀：输入区别不同主页的前缀字符，最多可以输入4个字符。
- 名称：输入新建主页的名称。
- 基于主页：在下拉菜单中选择一个已经创建的主页，新创建的主页将包含基于主页中的所有对象。
- 页数：输入新建主页的页数，单数创建单页，双数创建跨页。
- 页面大小：设置新建主页的页面尺寸。

04 直接单击【确定】按钮创建新的主页，双击【A-主页】进入编辑模式，选中左侧页面上的矩形和文本框架后按Ctrl＋C快捷键复制。双击【B-主页】，在页面上单击鼠标右键，在弹出的快捷菜单中执行【原位粘贴】命令，结果如图7-26所示。

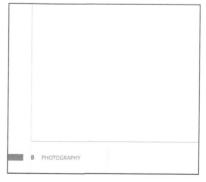

图7-26

05 在【页面】面板中选中【B-主页】左侧的页面，然后将其拖动到页面2的缩略图上应用主页，如图7-27所示。

06 执行【窗口】|【图层】命令，打开【图层】面板。单击 按钮新建一个图层，将图层1中的所有对象拖动到图层2中，如图7-28所示。

07 双击页面2缩略图退出主页编辑模式，可以看到，主页中的对象已经位于页面的最上层，但是页码数字仍然无法显示，如图7-29所示。

图7-27

图7-28

图7-29

08 双击【B-主页】进入编辑模式，选中页码标志字符，在【属性】面板中将【填色】设置为【纸色】。退出主页编辑模式，页面上所有的页码都正确显示了，如图7-30所示。

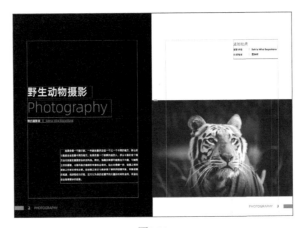

图7-30

提示

　　按住键盘上的Ctrl＋Shift快捷键，单击页面上的主页对象，就可以在不进入主页编辑模式的情况下直接修改主页对象。

7.2.3 设置页码样式

前面制作的实例中仍然有一些尚未完成的调整,最首要的问题是,虽然封面上不再显示页码,但是仍然会参与页码编号。这里就来讲解通过页码和章节选项调整起始页码和页码样式的方法。

01 在【页面】面板中选中页面2缩略图,在缩略图上单击鼠标右键,在弹出的快捷菜单中取消【允许选定的跨页随机排布】复选框的勾选,如图7-31所示。

02 执行【版面】|【页码和章节选项】命令,打开【页码和章节选项】对话框,如图7-32所示。

图7-31   图7-32

其中主要选项含义如下:

- 开始新章节:勾选该复选框,选定的页面将成为新章节的第一个页面;取消勾选时,选定的页面将继续上一个页面的页码编号。

- 自动编排页码:将新章节的第一个页面编号为1,其余所有页面依次排序。

- 起始页码:勾选该选项后可以自定义选定页面的页码编号。

- 章节前缀:章节前缀就是添加在页码数字前面的文本,可以让读者更方便地检索当前页面所处的章节。

- 样式:选择页码编号的形式,编号形式可以是阿拉伯数字,也可以是罗马数字或英文字母。

- 章节标志符:在文本框中自定义章节标志符文本,这些文本可以用符号的形式插入到文档的任意位置。

- 编排页码时包含前缀:勾选该复选框,在主页上插入页码标志时,【章节前缀】文本框中的文本就会出现在页码编号的前方。

03 在【页码和章节选项】对话框中勾选【起始页码】单选按钮，然后设置起始页码为1。在【样式】下拉列表中选择【01，02，03…】，单击【确定】按钮完成设置，文档中的所有页码都正确显示了，如图7-33所示。效果如图7-34所示。

图7-33

图7-34

7.2.4 章节前缀和标志符

编排图书时需要频繁地在正文或主页中输入不同章节的名称，利用章节前缀和章节标志符功能可以将章节名称定义成符号的形式，类似于给命令指定快捷键。不但可以节省重复输入操作，还能有效防止输入错误。

下面通过实例学习设置章节前缀和章节标志符的方法。

01 执行【文件】|【新建】命令，在打开的【新建文档】对话框中设置【宽度】为210毫米，【高度】为297毫米，【页面】为5。单击【边距和分栏】按钮，设置【上】边距为30毫米，其余边距为20毫米，如图7-35所示。

图7-35

02 切换到【页面】面板，双击【A-主页】进入编辑模式。在页面上方创建文本框架，然后执行【文字】|【插入特殊字符】|【标志符】|【当前页码】命令插入页码标志，如图7-36所示。

03 双击页面1的缩略图退出主页编辑模式。执行【版面】|【页码和章节选项】命令，打开
【页码和章节选项】对话框，在【章节前缀】文本框中输入【第1章】，如图7-37所示。

图7-36

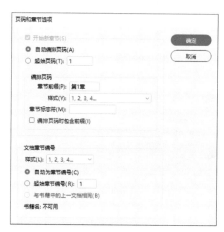

图7-37

04 在【页面】面板中可以看到，所有页码的后方都会出现章节前缀，如图7-38所示。

05 再次打开【页码和章节选项】对话框，勾选【编排页码时包含前缀】复选框，单击【确
定】按钮将对话框关闭，文档中的页码前方也会出现章节前缀，如图7-39所示。

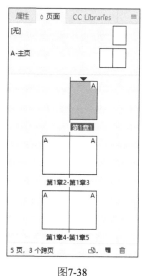

图7-38

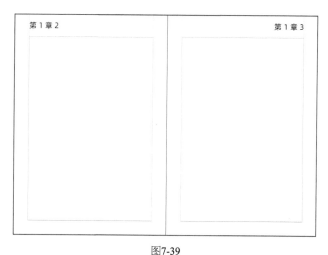

图7-39

06 打开【页码和章节选项】对话框，取消【编排页码时包含前缀】复选框的勾选，在【章节
标志符】文本框中输入【第1章 InDesign基础入门】，单击【确定】按钮将对话框关闭，
如图7-40所示。

07 在【页面】面板中双击【A-主页】进入主页编辑模式，在页码标志符后面键入空格和竖
线，然后执行【文字】|【插入特殊字符】|【标志符】|【章节标志符】命令插入标志
符，如图7-41所示。

图7-40

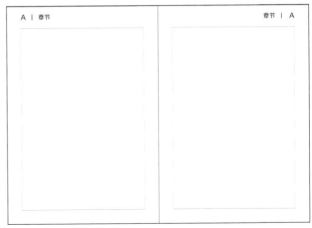

图7-41

08 退出主页编辑模式，文档的页码后方就会出现对应的章节文本，如图7-42所示。

章节标志符不但可以插入到主页中，在文档页面的文本框架中插入章节标志符就等于直接输入章节文本。

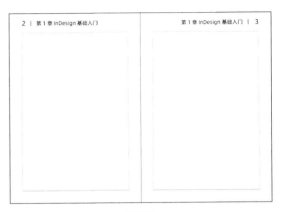

图7-42

7.3 创建书籍文件

InDesign的书籍文件是一种可以共享样式、色板、主页等项目的容器，这个容器可以将零散的文档按照统一的样式整理起来，使之成为完整的书籍。

7.3.1 创建书籍文件

执行【文件】|【新建】|【书籍】命令，打开【新建书籍】对话框，如图7-43所示。在对话框中输入书籍文件的名称和保存路径，单击【保存】按钮即可生成书籍文件，同时打开【书籍】面板，如图7-44所示。

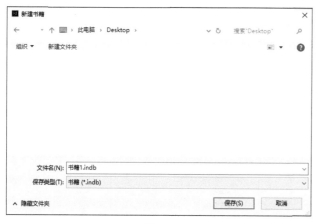

图7-43

图7-44

7.3.2 存储书籍文件

在【书籍】面板中单击面板下方的 ╋ 按钮，打开【添加文档】对话框，如图7-45所示。选中要添加到书籍中的文档后单击【打开】按钮，选中的文档就被添加到【书籍】面板中，如图7-46所示。

图7-45

图7-46

重复添加文档操作，将所有需要的文档都添加到【书籍】面板中。单击【书籍】面板下方的 ▸ 按钮，就可以将更新的内容保存到书籍文件中，如图7-47所示。如果不希望替换已经保存的书籍文件，可以单击【书籍】面板右上角的 ≡ 按钮，在弹出的菜单中执行【将书籍存储为】命令，如图7-48所示。

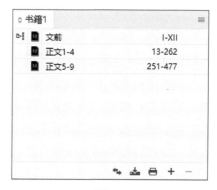

图7-47

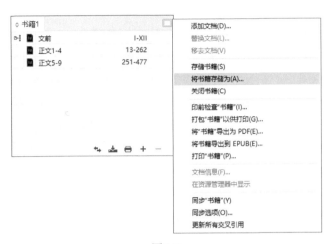

图7-48

7.3.3 删除和调整书中的文档

在【书籍】面板中选取一个已经添加的文档，单击面板下方的━按钮就可以将选中的文档从书中移除。

在书中添加文档时，会按照文档的加入顺序自动排序页码，在【书籍】面板中上下拖动文档列表就能调整文档的先后顺序，如图7-49所示。

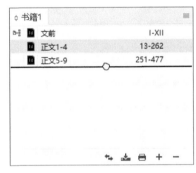

图7-49

如果不小心关闭了【书籍】面板，可以执行【文件】→【打开】命令，重新打开已经保存的书籍文件。

7.3.4 打开和替换书中的文档

书中的文档都是以链接方式存在的，双击【书籍】面板中的一个文档就能打开链接的文档进行编排，已经打开的文档右侧会出现图标，如图7-50所示。

如果文档右侧出现⚠图标，表示链接的文档已经被修改，但是书籍文件中还没有更新，只要双击打开这个文档就会自动完成更新。如果文档右侧出现❓图标，表示链接的文档已经被删除或者保存路径发生了改变，如图7-51所示。双击❓图标打开【替换文档】对话框，在对话框中可以查找文档的位置或者用其他文档替换。

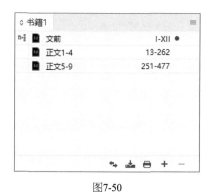

图7-50   图7-51

7.3.5 同步书籍文档

书中包括很多个文档，要想让所有文档的样式、色板等设置都完全相同，就要用书籍中一个文档作为标准，利用同步功能将这个文档的设置套用到其他文档上。同步文档的方法是在【书籍】面板上单击文档左侧的空白框，出现 📑 图标后表示将该文档作为样式源，单击面板下方的 ⇆ 按钮，稍等片刻即可完成同步，如图7-52所示。

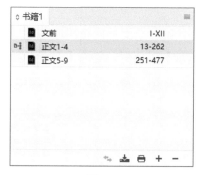

图7-52

如果只想同步某些特定的样式或设置，可以单击面板右上角的 ≡ 按钮，在弹出的菜单中执行【同步选项】命令。根据需要在【同步选项】对话框中选择需要同步的项目，然后单击【同步】按钮，如图7-53所示。

图7-53

7.3.6 使用文本变量

大多数图书的页码都会区分奇偶页，奇数页的页码部分用来显示书名，偶数页的页码部分显示章节。常规的制作方法是在【页面】面板中双击【A-主页】进入编辑模式，在奇数页插入页码标志后输入书名，在偶数页输入章节名称后插入页码标志，如图7-54所示。

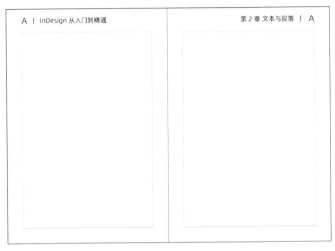

图7-54

第一个文档的页码设置完成后，在【书籍】面板中将该文档作为样式源。打开【同步选项】对话框，勾选【主页】复选框后同步文档，如图7-55所示。

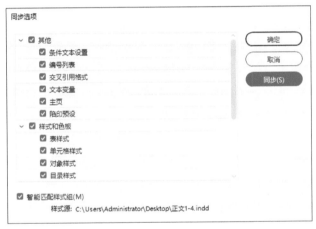

图7-55

同步完成后逐个文档修改偶数页的章节名称，修改完成后还要再次打开【同步选项】对话框，取消【主页】的勾选，以免下次同步时修改后的章序号和名称被恢复。

很显然，利用上面的方法创建页码是非常麻烦的操作。在实际工作中，编排图书的每个章节时，都会使用段落样式定义一级标题和二级标题的样式，只要将标题段落样式和InDesign的文本变量功能结合起来，就可以创建自动跟随章节变化的页码。

下面介绍一下利用文本变量功能创建页码的方法：

01 执行【文字】|【文本变量】|【定义】命令打开【文本变量】对话框，如图7-56所示。

图7-56

02 单击【新建】按钮打开【新建文本变量】对话框，在【名称】文本框中输入【书名】，在【类型】下拉列表中选择【自定文本】，在【文本】文本框中输入书籍的名称，单击【确定】按钮将对话框关闭，如图7-57所示。

03 再次在【文本变量】对话框中单击【新建】按钮，在【名称】文本框中输入【一级标题】，在【类型】下拉列表中选择【动态标题（段落样式）】，在【样式】下拉列表中选择一级标题使用的段落样式名称，如图7-58所示。

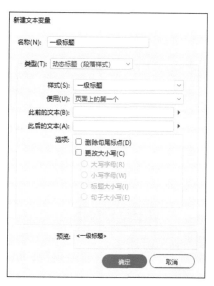

图7-57   图7-58

04 文本变量全部设置完成了，在【页面】面板中双击编辑主页，在奇数页眉的位置创建文本框架，执行【文字】|【文本变量】|【插入变量】|【书名】命令。在偶数页眉的位置创建文本框架，执行【文字】|【文本变量】|【插入变量】|【一级标题】命令，如图7-59所示。

图7-59

05 切换回页面，页码上的内容会跟随正文中的标题样式自动变化，如图7-60所示。在【同步选项】对话框中勾选【主页】复选框后同步文档，全书的页码都可以自动生成，而且不必进行任何调整。

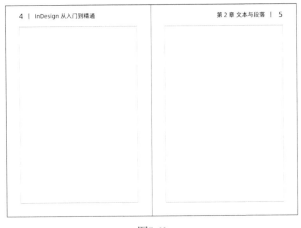

图7-60

创建目录

7.4

目录主要由条目、页码和引线的构成，其作用是列出图书、杂志等出版物的条目和层次，可以帮助读者便捷地查找信息，如图7-61所示。长文档的目录基本都从正文文档中直接提取，用这种方式创建目录的好处是不但可以减少操作，目录中的条目还可以跟随正文的调整变化自动更新。

图7-61

7.4.1 创建目录前的准备

要想从文档中提取目录，需要满足以下前提条件：

01 正文中的章节标题都需要使用段落样式定义。例如，正文中的第1章、第2章等章名都要使用同一个段落样式；7.1、7.2等一级标题单独使用一个段落样式；7.1.1、7.1.2等二级标题单独使用一个段落样式。

02 为了不影响正文且便于审阅，编排图书时通常会创建一个放置封面、封底、扉页、前言简介和目录页的文档。

03 生成目录前，需要在【书籍】面板中添加【文前】页文档和所有的【正文】文档。将第一个【正文】文档作为样式源，选中【文前】文档后单击面板下方的 ↰ 按钮同步标题样式，然后双击打开【文前】文档，如图7-62所示。

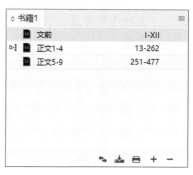

图7-62

7.4.2 生成目录

从文档中提取目录的方法如下：

01 执行【版面】|【目录】命令打开【目录】对话框，单击对话框中的【更多选项】按钮可以显示出所有参数选项，如图7-63所示。

图7-63

其中主要选项含义如下：

- 目录样式：在下拉列表中选择目录文本的样式，执行【版面】|【目录样式】命令，在打开的对话框中可以创建和管理目录样式，如图7-64所示。

- 标题：在文本框中输入目录页的标题。
- 样式：在下拉列表中选择标题文本使用的样式。
- 其他样式：列表中列出了文档中设置好的所有段落样式。单击【添加】按钮，可以将文档中的段落样式添加到【包含段落样式】列表中；单击【移去】按钮，可以将【包含段落样式】列表中的段落样式移除。

图7-64

- 包含段落样式：将一个段落样式添加到这个列表中，文档中所有应用了该段落样式的文本都会成为目录的条目。
- 条目样式：在下拉列表中选择条目插入到目录页面后使用的段落样式。
- 页码：在下拉列表中选择将页码显示在条目前方还是条目后方。
- 条目与页码间：选择在条目及页码之间插入的字符，该字符和制表符配合使用可以对齐页码。默认的【^t】表示在条目和页码之间插入一个制表符。
- 按字符顺序对条目排序：开启后将按字母顺序对条目进行排序。
- 级别：【包含段落样式】列表中的段落样式具有层级关系，越早加入到列表中的段落样式级别越低，在这个下拉列表中可以调整选中段落样式的级别。
- 创建PDF书签：将生成的条目添加在【书签】面板中。
- 接排：将所有条目接排到某一个段落中。
- 包含书籍文档：勾选后使用【书籍】面板中的所有文档生成目录条目，取消勾选将只用当前文档生成目录。

02 在【替他样式】列表中选择二级标题样式，单击【添加】按钮将其添加到【包含段落样式】列表中，在【条目样式】下拉列表中选择【基本段落】，如图7-65所示。

03 将【替他样式】列表中的一级标题样式添加到【包含段落样式】列表中，同样在【条目样式】下拉列表中选择【基本段落】，如图7-66所示。

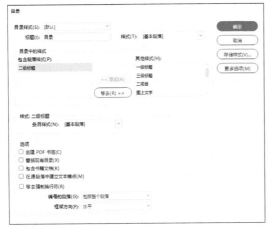

图7-65

图7-66

04 将【替他样式】列表中的章名标题样式添加到【包含段落样式】列表中，在【条目样式】下拉列表中选择【基本段落】，然后勾选【包含书籍文档】复选框，如图7-67所示。

05 单击【确定】按钮后在页面上拖动鼠标就可以生成目录，如图7-68所示。

图7-67

图7-68

生成目录后，如果正文修改了章节，可以双击目录文本框架进入编辑模式，然后执行【版面】|【更新目录】命令。

7.4.3 对齐条目和页码

插入了条目和页码后，接下来就要对条目和页码进行对齐操作，同时还要添加条目和页码之间的引线。

01 执行【编辑】|【查找/更改】命令，在打开的【查找/更改】对话框中单击【GREP】选项，单击【查找内容】右侧的@,按钮，在弹出的列表中执行【位置】|【段首】命令输入【^】符号。再次单击@,按钮，在弹出的列表中执行【通配符】|【任意数字】命令，插入【\d】符号，如图7-69所示。

02 单击【更改为】右侧的@,按钮，在弹出的列表中执行【制表符字符】命令，插入【\t】符号。再次再次单击@,按钮，在弹出的列表中执行【查找结果】|【查找到的文本】命令，插入【$0】符号，如图7-70所示。单击【全部更改】按钮，页面上所有一级标题和二级标题的前方都会插入一个制表符。

图7-69

图7-70

03 在【查找/更改】对话框的【查找内容】文本框中输入【\d. \d. \d】，然后单击【全部更改】按钮，如图7-71所示。

04 按Ctrl＋Alt＋I快捷键显示出隐藏字符，可以看到所有二级标题前面被添加两个制表符，如图7-72所示。

图7-71

图7-72

05 双击目录页上的文本框架模式。执行【文字】|【制表符】命令打开【制表符】对话框，单击🔒按钮将对话框与文本框架对齐。在标尺上方的白色区域单击鼠标创建一个定位标志↓，左右拖动定位标志就能对齐所有一级标题并且调整一级标题的位置。

06 在标尺上方的白色区域单击鼠标创建第二个定位标志，拖动第二个定位标志可以调整所有对齐所有二级标题并且调整二级标题的位置。创建第三个定位标志，拖动第三个定位标志将所有页码对齐，并且与页边距右对齐，如图7-73所示。

07 选中第三个定位标志，在【前导符】文本框中输入【.】，按下回车键就能在条目和页码之间生成引线，如图7-74所示。

图7-73

图7-74

制作电子书

所谓的交互式文档就是大家比较熟悉的电子书，这种数字化出版物不但可以集成音乐、视频等多媒体素材，而且可以通过按钮和手势操作与读者互动。InDesign提供了丰富的交互文档制作功能，可以直接输出SWF、PDF、EPUB格式和可以在iPad阅读的电子书。

7.5.1 导入多媒体文件

与传统媒体相比，数字出版物最大的特点就是可以集成多种多媒体素材。现在通过一个实例学习利用InDesign制作电子书的方法，实例效果如图7-75所示。

图7-75

01 执行【文件】│【打开】命令，打开附赠素材中的【实例\第7章\实例03\开始.indd】文件，效果如图7-76所示。

图7- 76

02 执行【文件】|【置入】命令，在【置入】对话框中双击附赠素材中的【实例\第7章\实例03\背景音乐.mp3】文件，在页面1的右上角拖动鼠标创建音频文件链接，如图7-77所示。

03 执行【窗口】|【交互】|【媒体】命令，在【媒体】面板中勾选【载入页面时播放】和【循环】复选框，在【海报】下拉列表中选择【标准】，如图7-78所示。

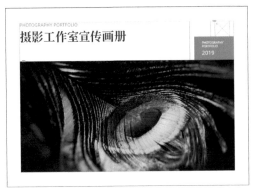

图7-77

图7-78

7.5.2 制作对象动画

01 切换到页面02，选中页面上的斜线，执行【窗口】|【交互】|【动画】命令，打开【动画】面板，如图7-79所示。

图7-79

其中主要选项含义如下：

- 预设：在下拉列表中选择系统预设好的动画的类型。
- 事件：在下拉列表中选择一种或者多种触发动画的方式。
- 鼠标指针移开时还原：在【事件】下拉列表中选择【悬停鼠标（自行）】，该选项才会生效。勾选该选项后，光标从动画对象上移开后会重新播放动画。
- 持续时间：设置动画的持续时间，持续时间越长，动画的速度越慢。
- 播放：设置动画重新播放的次数。
- 循环：勾选该选项后，动画会一直循环播放。
- 速度：在下拉列表中选择动画加速方式。选择【无】，动画会匀速播放，选择【渐出】，动画会产生由慢至快的变化。
- 制作动画：在下拉列表中选择动画对象的起始位置和结束位置。
- 旋转：在选定的预设动画中加入旋转属性，正值顺时针旋转、负值逆时针旋转。
- 缩放：在选定的预设动画中加入缩放属性，可以产生由大致小或者由小变大的效果。
- 不透明度：在下拉列表中选择【渐显】，对象会从完全透明变成完全不透明；在下拉列表中选择【渐隐】，对象会从完全不透明变成完全透明。
- 执行动画前隐藏：开启后，对象在被触发预设动画动作前完全不可见。
- 执行动画后隐藏：开启后，对象完成预设动画动作后会被隐藏起来。

02 在【预设】下拉列表中选择【自定（从右侧飞入）】，设置【持续时间】为2秒，【旋转】参数为180°。在【不透明度】下拉列表中选择【渐显】，如图7-80所示。

03 选中页面02上的标题文本框架，在【动画】面板的【预设】下拉列表中选择【自定（从左侧飞入）】，在【不透明度】下拉列表中选择【渐显】，如图7-81所示。

图7-80

图7-81

04 选中正文文本框架，在【预设】下拉列表中选择【自定（渐显）】，设置【持续时间】为5秒，如图7-82所示。

05 使用相同的方法设置页面04上的动画。切换到页面05，在页面上创建一个文本框架后执行【文字】|【字形】命令，在【字形】对话框左下角的下拉列表中选择【Segoe UI Emoji】字体，找到并双击如图7-83所示的图标。

图7-82

图7-83

06 在【属性】面板中设置【字体大小】为36点，按Esc键退出文本编辑模式，设置【旋转角度】为40°，然后将图形移动到图7-84所示的位置。

07 在【预设】下拉列表中【自定（舞动）】，勾选【循环】复选框，如图7-85所示。

图7-84

图7-85

图7-86

提示

在同一个页面上为多个对象设置动画时要注意动画播放顺序的问题，第一个添加动画属性的对象完成了动画的播放后，第二个对象的动画才会开始播放。

08 选中页面上的二维码，执行【窗口】|【交互】|【超链接】命令，在【超链接】面板的【URL】文本框中输入链接网址，如图7-86所示。

7.5.3 使用对象状态

对象状态可以将多个对象组合到一起，然后通过按钮或鼠标动作切换显示对象，利用这项功能可以在有限的页面空间内显示更多的内容。

01 切换到页面01，激活工具箱中的【矩形框架工具】⊠，捕捉页边距创建一个满版的矩形框架，按Ctrl＋D快捷键置入附赠素材中的【实例\第7章\实例03\008.jpg】图像，如图7-87所示。

02 执行【窗口】|【图层】命令打开【图层】面板，按住键盘上的Shift键单击<008.jpg>后面的□按钮，同时选中两张重叠的图像，如图7-88所示。

图7-87

图7-88

03 执行【窗口】|【交互】|【对象状态】命令打开【对象状态面板】，单击面板下方的 按钮创建多状态对象，如图7-89所示。

04 切换到页面02，创建一个和页面上的图像尺寸和位置相同的矩形框架，按Ctrl＋D快捷键置入附赠素材中的【实例\第7章\实例03\009.jpg】图像。再次创建一个相同的矩形框架，按Ctrl＋D快捷键置入附赠素材中的【实例\第7章\实例03\010.jpg】图像，如图7-90所示。

图7-89

图7-90

05 按住键盘上的Shift键，在【图层】面板中同时选取
<005.jpg>、<009.jpg>、<010.jpg>。单击【对象状态
面板】面板下方的 按钮创建多状态对象，如图7-91
所示。

提示

单击【对象状态】面板右上角的 按钮，在弹出
的快捷菜单中执行【释放对象的所有状态】命令，可以
将多状态对象解体为正常对象。

图7-91

7.5.4 创建按钮

01 多状态对象需要通过按钮控制才能切换到不同的状态。激活工具箱中的【矩形框架工具】
，在创建一个和多对象
尺寸和位置相同的矩形框
架，如图7-92所示。

图7-92

02 执行【窗口】|【交互】|【按钮和表单】命令，打开【按钮和表单】对话框。在【类型】下拉列表中选择【按钮】，如图7-93所示。

03 在【事件】下拉列表中选择【鼠标指针悬停时】，单击➕按钮，在弹出的列表中选择【转至状态】，如图7-94所示。

04 在【状态】下拉列表中选择【状态2】，然后勾选【鼠标指针移开时还原】复选框，如图7-95所示。

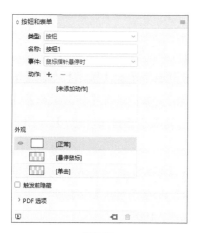

图7-93

图7-94

图7-95

05 单击面板下方的按钮，在【EPUB交互性预览】对话框中预览当前页面的效果。将光标停留在图像上方就会显示第二张图像，将光标从图像上移开，又会切换回第一张图像，如图7-96所示。

图7-96

06 激活工具箱中的【椭圆工具】，在页面02上创建【宽度】和【高度】均为10毫米的圆形，将圆形的【填色】设置为深灰色。激活工具箱中的【文字工具】，在圆形上单击，输入文本【01】。调整文本的大小和对齐方向，并且将圆形移动到如图7-97所示的位置。

07 复制两个圆形，修改圆形内部的文本后参照图7-98所示调整圆形的位置。

图7-97

图7-98

08 选中第一个圆形，在【按钮和表单】对话框的【类型】下拉列表中选择【按钮】。在【事件】下拉列表中选择【单击鼠标时】，单击+按钮，在弹出的列表中选择【转至状态】，在【对象】下拉列表中选择【多状态2】，在【状态】下拉列表中选择【状态1】，如图7-99所示。

09 选中第二个圆形，在【类型】下拉列表中选择【按钮】。在【事件】下拉列表中选择【单击鼠标时】，单击 按钮，在弹出的列表中选择【转至状态】，在【对象】下拉列表中选择【多状态2】，在【状态】下拉列表中选择【状态2】，如图7-100所示。

10 选中第三个圆形，在【类型】下拉列表中选择【按钮】。在【事件】下拉列表中选择【单击鼠标时】，单击+按钮，在弹出的列表中选择【转至状态】，在【对象】下拉列表中选择【多状态2】，在【状态】下拉列表中选择【状态3】，如图7-101所示。

图7-99

图7-100

图7-101

11 单击【按钮和表单】对话框右上角的≡按钮，在弹出的列表中选择【样本按钮和表单】命令，打开【样本按钮和表单】面板，如图7-102所示。

12 将【样本按钮和表单】面板中的按钮缩略图拖动到页面05上生成按钮，激活工具箱中的【文字工具】T，在按钮上输入【返回首页】，如图7-103所示。

13 选中新生成的按钮，单击−按钮删除预设动作。在【事件】下拉列表中选择【单击鼠标指时】，单击+按钮，在弹出的列表中选择【转至第一页】，如图7-104所示。

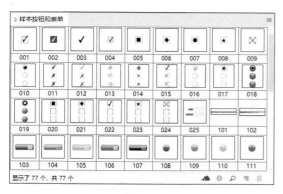

图7-102

图7-103

14 单击【外观】选项组中的【悬停鼠标】，在【属性】面板中将按钮的【填色】修改为深灰色，激活工具箱中的【文字工具】 **T**，在按钮上输入【返回首页】，如图7-105所示。

图7-104

图7-105

15 在【动画】面板的【预设】下拉列表中选择【舞动】，在【事件】下拉列表中选择【悬停鼠标】，如图7-106所示。

16 在【按钮和表单】面板的【事件】下拉列表中选择【鼠标指针悬停时】，单击 **+** 按钮，在弹出的列表中选择【动画】，最后在【动画】下拉列表中选择【Button 32】，如图7-107所示。

图7-106

图7-107

7.5.5 测试和导出交互式文档

InDesign可以导出PDF、SWF和EPUB格式的电子书，其中只有SWF格式的电子书支持所有交互效果。这里就以导出SWF电子书为例，学习测试和导出交互式文档的方法。

01 切换到【页面】面板，在任意一个页面缩略图上单击鼠标右键，在弹出的快捷菜单中选择【页面属性】|【页面过渡效果】|【选择】命令，打开【页面和过渡效果】对话框，勾选【溶解】选项后单击【确定】按钮，如图7-108所示。

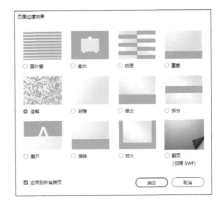

图7-108

02 按住键盘上的Alt键，单击【样本按钮和表单】面板下方的 ▶ 按钮，打开【SWF预览】面板，单击面板右下角的 按钮，然后单击左下角的 ▶ 按钮。拖动页面的左下角或右上角可以用翻页的方式打开下一页，单击页面的左下角或右上角会用溶解的方式打开下一页，如图7-109所示。

图7-109

03 预览所有页面的效果，确认符合设计预期后将【SWF预览】面板关闭。执行【编辑】|【透明混合空间】|【文档RGB】命令。继续执行【文件】|【导出】命令，在【导出】对话框的【保存类型】下拉列表中选择【Flash Player（SWF）（*.swf）】，如图7-110所示。

图7-110

04 单击【保存】按钮，在打开【导出SWF】对话框中设置【缩放】参数为120%，如图7-111所示。

05 单击【高级】选项卡，在【压缩】下拉列表中选择【PNG（无损压缩）】，在【分辨率】下拉列表中选择144，单击【确定】按钮即可导出交互文档，如图7-112所示。

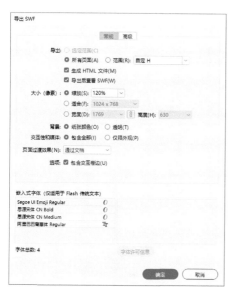

图7-111

图7-112

上机实践

7.6

图书是最有代表性的长文档，这里就通过编排图书的实例复习前面学习过的内容，实例效果如图7-113所示。

图7-113

编排图书前要注意一点，如果图书页数较多，例如超过300页，那么最好分成三个文档编排。第一个文档编排封面、扉页、前言和目录等文前页面；图书的正文按照章节编排在两个文档中，例如1~4章编排一个文档，5~9章编排一个文档。这种编排方式可以避免页数不断增加带来的文档打开速度缓慢和页面切换延迟现象。

01 单击开始工作区中的【新建】按钮，在【新建文档】对话框中设置【宽度】为190毫米，【高度】为260毫米，如图7-114所示。

图7-114

02 单击【边距和分栏】按钮，在【新建边距和分栏】对话框中设置【上】边距为23毫米，【下】边距为22毫米，【内】和【外】边距为20毫米，单击【确定】按钮生成文档，如图7-115所示。

03 执行【文件】|【置入】命令打开【置入】对话框，勾选【显示导入选项】复选框，然后取消【应用网格格式】复选框的勾选，如图7-116所示。

图7-115

图7-116

04 双击附赠素材中的【实例\第7章\实例04\01.docx】文件，在【Microsoft Word导入选项】对话框中勾选【移去文本和表的样式和格式】单选按钮，单击【确定】按钮，捕捉页边距创建文本框架并导入文本，如图7-117所示。

05 单击文本框架右下角的溢流图标□，按住键盘上的**Shift**键，在页面的空白位置单击生成新的页面和串接文本框架。选中页面1上重叠的文本框架，按**Delete**键将文字回流到下一个文本框架中，如图7-118所示。

图7-117

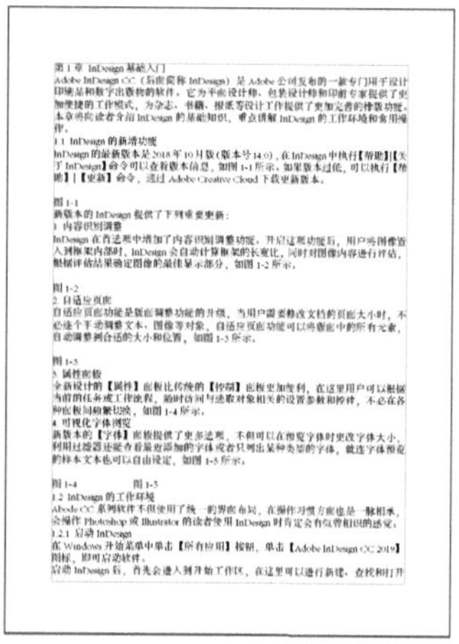

图7-118

06 按**Ctrl＋Alt＋I**快捷键显示文档上的隐藏字符，如图7-119所示。

07 执行【编辑】|【查找/更改】命令，打开【查找/更改】对话框，然后单击【GREP】选项卡。单击【查找内容】文本框右侧的@,按钮，在弹出的列表中选择【位置】|【段首】，如图7-120所示。

图7-119

图7-120

08 在【^】符号后面键入一个空格，继续单击@,按钮，选择【重复】|【一次或多次】。单击【全部更改】按钮删除所有位于段首的空格，如图7-121所示。

09 执行【窗口】|【文字和表】|【段落】命令，打开【段落】面板。在【标点挤压设置】下拉菜单中选择【基本】，在打开的【标点挤压设置】对话框中单击【新建】按钮，在【名称】文本框中输入【首行缩进】后单击【确定】按钮，如图7-122所示。

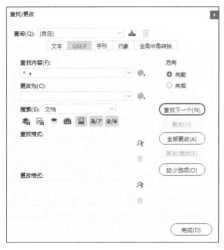

图7-121   图7-122

10 单击【段落首行缩进】右侧的【无】，在弹出的列表中选择【2个字符】，单击【存储】按钮后单击【确定】按钮将窗口关闭，如图7-123所示。

11 执行【文字】|【复合字体】命令打开【复合字体编辑器】，单击【新建】按钮，设置【名称】为【正文】。设置【汉字】的字体为【汉仪细等线简】，【标点】和【符号】的字体为【宋体】，【罗马字】和【数字】的字体为【Times New Roman】，如图7-124所示。

图7-123   图7-124

12 单击【存储】按钮后单击【新建】按钮，将新建的复合字体命名为【提 示】。修改【汉字】和【符号】的字体为【华文仿宋】后单击【存储】按钮，如图7-125所示。

13 再次单击【新建】按钮，将复合字体命名为【标题】。修改【汉字】和【符号】的字体为【黑体】，【罗马字】和【数字】的字体为【Arial】，单击【存储】按钮后单击【确定】按钮关闭对话框，如图7-126所示。

图7-125   图7-126

14 执行【窗口】|【样式】|【段落样式】命令,打开【段落样式】面板,单击 ⬛ 按钮新建一个段落样式。双击新建的段落样式打开【段落样式选项】对话框,将样式命名为【正文】。单击【基本字符格式】选项,在【字体样式】下拉列表中选择【正文】,设置【大小】为10.5点,【行距】为18点,如图7-127所示。

15 单击【日文排版设置】选项,在【标点挤压】下拉列表中选择【首行缩进】,单击【确定】按钮完成设置,如图7-128所示。

图7-127   图7-128

16 双击文本框架,按Ctrl+A快捷键选中所有文本。单击【段落样式】面板中的【正文】套用样式。在文本框架外单击取消所有文本的选取,选中【段落样式】面板中的【基本段落】,然后单击 ⬛ 按钮新建段落样式。将新建的段落样式命名为【章名】,然后套用给章名文本,如图7-129所示。

17 双击【章名】样式打开【段落样式选项】对话框,单击【基本字符格式】选项,在【字体样式】下拉列表中选择【标题】,设置【大小】为30点。单击【缩进和间距】选项,在【对齐方式】下拉列表中选择【居中】,设置【段后距】为5毫米,如图7-130所示。

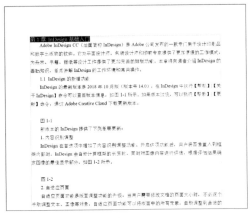

图7-129

图7-130

18 单击【网格设置】选项，设置【强制行数】为7行。单击【GREP】选项，单击【新建
GREP样式】按钮，如图7-131所示。

19 在【应用样式】下拉列表中选择【新建字符样式】，打开【新建字符样式】对话框后点击
【基本字符格式】选项，在【字体系列】下拉列表中选择【标题】。单击【字符颜色】选
项，设置【填色】为【黑色】，【色调】为50%，单击【确定】按钮，如图7-132所示。

图7-131

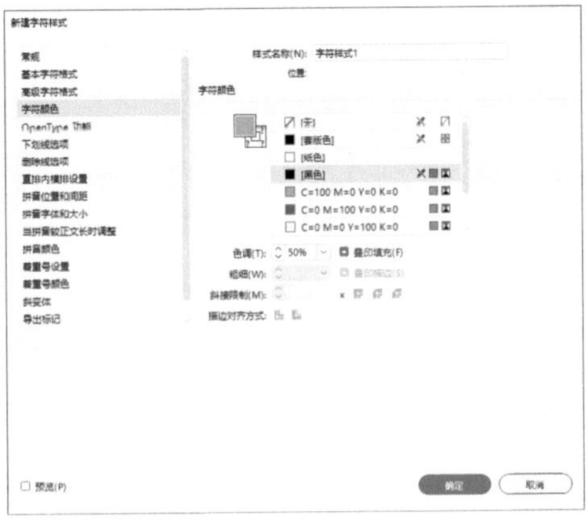

图7-132

20 在【段落样式选项】对话框中将【到文本】文本框中的字符全部删除，单击@,按钮，选
择【通配符】|【任意汉字】。再次单击@,按钮，选择【通配符】|【任意数字】和
【通配符】|【任意汉字】，如图7-133所示。

21 再次单击【新建GREP样式】按钮，在【应用样式】下拉列表中选择【新建字符样式】。
在【新建字符样式】对话框中点击【基本字符格式】选项，在【字体系列】下拉列表中选
择【标题】，设置【大小】为70点。单击【高级字符格式】选项，设置【基线偏移】为12
点，如图7-134所示。

22 在【段落样式】面板中选中【正文】，单击 按钮复制段落样式。将新建的段落样式命名
为【章首】，然后套用给正文的第一个段落，如图7-135所示。

图7-133

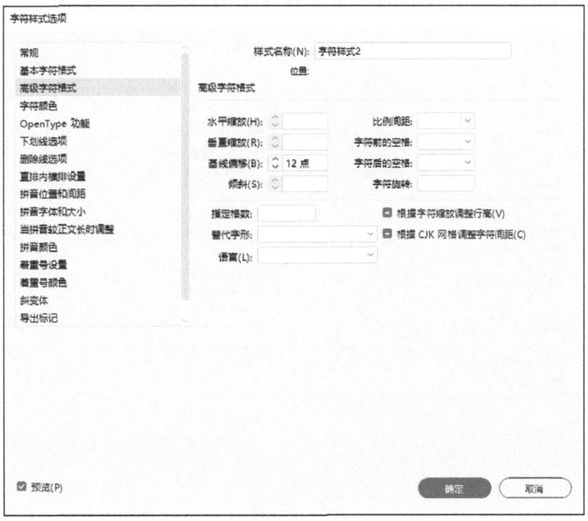

图7-134

23 双击【章首】样式打开【段落样式选项】对话框，单击【缩进和间距】选项，设置【段后距】为10毫米。单击【段落边框】选项，勾选【边框】复选框，设置【描边】选项组的【下】参数为2点。在【类型】下拉列表中选中【点线】，设置【色调】为50%，在【位移】选项组中设置【下】参数为10毫米，【左】和【右】参数为21毫米。单击【确定】按钮完成设置，如图7-136所示。

图7-135

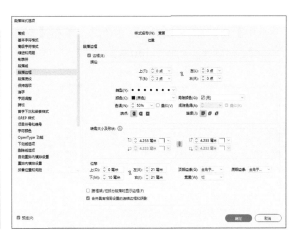

图7-136

24 在【段落样式】面板中选取【基本段落】，单击 ▤ 按钮新建段落样式。双击新建的段落样式打开【段落样式选项】对话框，设置段落样式的名称为【一级标题】。单击【基本字符格式】选项，设置【字体系列】为【标题】，【大小】为16点，【行距】为20点。单击【缩进和间距】选项，设置【段前距】为8毫米，【段后距】为10毫米，如图7-137所示。

25 执行【编辑】|【查找/更改】命令打开【查找/更改】对话框，单击【查找内容】右侧的@.按钮，在弹出的列表中选择【位置】|【段首】。单击@.按钮，选择【通配符】|【任意数字】。输入【.】后再次单击@.按钮，选择【通配符】|【任意数字】，最后键入一个空格，如图7-138所示。

图7-137   图7-138

26 单击【更改格式】选项组中的 🔍 按钮，打开【更改格式设置】对话框，在【段落样式】下拉列表中选择【一级标题】后单击【确定】按钮。在【查找/更改】对话框中单击【全部更改】按钮，替换文档中所有一级标题文本的段落样式，如图7-139所示。

27 在【段落样式】面板中选取【一级标题】，单击 🔳 按钮创建段落样式，设置段落样式的名称为【二级标题】。在【段落样式选项】对话框中单击【基本字符格式】选项，设置【大小】为14点，【行距】为16点。单击【缩进和间距】选项，设置【段前距】和【段后距】均为5毫米，如图7-140所示。

图7-139   图7-140

28 在【查找/更改】对话框的【查找内容】文本框中输入【^\d.\d.\d】，单击【更改格式】选项组中的 🗑 按钮清空段落样式，然后单击 🔍 按钮选择【二级标题】段落样式。单击【全部更改】按钮，替换文档中所有二级标题文本的段落样式，如图7-141所示。

29 在【段落样式】面板中选取【二级标题】，单击▼按钮创建段落样式。双击新建的段落样式，打开【段落样式选项】对话框，设置段落样式的名称为【三级标题】。单击【基本字符格式】选项，设置【大小】为12点，【行距】为16点。单击【缩进和间距】选项，设置【首行缩进】为7.5毫米，【段前距】和【段后距】均为3毫米，如图7-142所示。

图7-141

图7-142

30 单击【下划线】选项，勾选【启用下划线】复选框。设置【粗细】为0.5点，【位移】为3点，单击【确定】按钮完成设置，如图7-143所示。

31 在【查找/更改】对话框的【查找内容】文本框中输入【^\d.~K】，单击♀按钮选择【三级标题】段落样式。单击【全部更改】按钮，替换文档中所有三级标题文本的段落样式，如图7-144所示。

图7-143

图7-144

32 新建一个段落样式并命名为【提 示】。单击【基本字符格式】选项，在【字体系列】下拉列表中选择【标题】，设置【大小】为10点。单击【缩进和间距】选项，设置【左缩进】为3毫米，【段前距】为2毫米，【段后距】为1毫米，如图7-145所示。

33 单击【段落底纹】选项，勾选【底纹】复选框。设置【色调】为30%，在【位移】选项组中设置【上】和【下】均为1毫米，如图7-146所示。单击【网格设置】选项，在【网格对齐方式】下拉列表中选择【全角，顶】，单击【确定】按钮完成设置。

图7-145　　　　　　　　　　　　　　　图7-146

34 新建一个段落样式并命名为【提 示文本】。单击【基本字符格式】选项，在【字体系列】下拉列表中选择【提 示】，设置【大小】为9点，【行距】为12点。单击【缩进和间距】选项，设置【左缩进】为3毫米，【右缩进】为6毫米，【段前距】为1毫米，【段后距】为2毫米，如图7-147所示。

35 单击【段落底纹】选项，勾选【底纹】复选框。设置【色调】为10%，在【位移】选项组中设置【上】和【下】均为2毫米，单击【确定】按钮完成设置，如图7-148所示。

图7-147　　　　　　　　　　　　　　　图7-148

36 新建一个段落样式并命名为【图片】，单击【基本字符格式】选项，在【字符对齐方式】下拉列表中选择【全角，底】。如图7-149所示。单击【缩进和间距】选项，在【对齐方式】下拉列表中选择【居中】，设置【段前距】和【段后距】参数为1毫米。

37 新建一个段落样式并命名为【图题】。单击【基本字符格式】选项，在【字体系列】下拉列表中选择【正文】，设置【大小】为9点，【行距】为12点。单击【缩进和间距】选项，在【对齐方式】下拉列表中选择【居中】，设置【段前距】为1毫米，【段后距】参数为3毫米，如图7-150所示。

38 在【查找/更改】对话框的【查找内容】文本框中输入【^r】，单击按钮选择【图片】段落样式。单击【全部更改】按钮替换段落样式，如图7-151所示。

图7-149　　　　　　　　　　　　　　　　　图7-150

39 在【查找内容】文本框中输入【^图\d-\d】，单击 按钮选择【图题】段落样式。单击【全部更改】按钮替换段落样式，如图7-152所示。

图7-151　　　　　　　　　　　　　　　　　图7-152

40 执行【文件】|【置入】命令，在【置入】对话框中全选【实例\第7章\实例04】中的所有图像素材，单击【打开】按钮后在页面外部的剪贴区中拖动鼠标逐个置入图像，如图7-153所示。

图7-153

41 中第一个置入的图像，在图像上单击鼠标右键，在弹出的快捷菜单中执行【剪切】命令。将插入点置入题注上方的空段位置，单击鼠标右键后执行快捷菜单中的【粘贴】命令，如图7-154所示。

图7-154

42 剩下的工作就是重复剪切粘贴操作，用随文图的方式逐个置入图像，最终效果如图7-155所示。

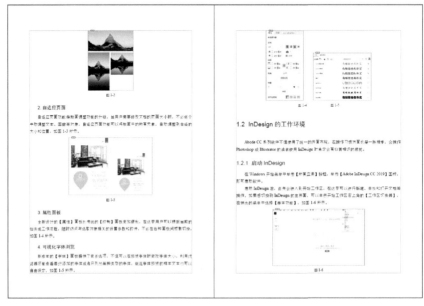

图7-155

第8章

印前和输出

打印就是利用打印机将设计好的文档内容输出到纸张上。如果想生成电子文档或者送交印刷厂印刷，就要把文档内容输出为PDF格式的文件。输出是版式设计的最后一个环节，也是最重要的环节。要想准确无误地将文档内容打印或印刷出来，必须掌握InDesign的印前检查、文档打包、打印设置和输出设置等功能。

彩色叠印

8.1

在印刷过程中，如果遇到对象重叠的情况，通常只会印刷最上层对象的颜色，而下层对象的重叠部分会被镂空处理。叠印功能可以将一个颜色叠加到另一个颜色上，对所有重叠对象的颜色进行油墨混合，主要用于印刷彩色图像上的黑色文字或者特殊的颜色效果。叠印设置的操作方法如下：

01 执行【文件】|【打开】命令，打开附赠素材中的【实例\第8章\实例01\开始.indd】文件，效果如图8-1所示。

02 执行【窗口】|【输出】|【属性】命令，打开【属性】面板，如图8-2所示。

其中各选项含义如下：

● 叠印填充：将叠印属性应用到对象的填色区域。

● 叠印描边：将叠印属性应用到对象的描边区域。

● 非打印：不印刷应用叠加属性的对象。

● 叠印间隙：将叠印属性应用到虚线的空白颜色上。

03 框选页面上的三个圆形，勾选【属性】面板中的【叠印填充】复选框。

04 执行【视图】|【叠印预览】命令，就可以看到叠印效果，如图8-3所示。

图8-1   图8-2   图8-3

InDesign的大多数颜色色板在默认设置下都会挖空对象，只有【黑色】色板是叠印对象，所以要想挖空黑色对象，必须阻止黑色色板的叠印。挖空黑色对象的方法有两种：第一种方法是执行【编辑】|【首选项】|【黑色外观】命令，在【首选项】对话框中取消【叠印100%的黑色】复选框的勾选，如图8-4所示。第二种方法是在【色板】面板中复制【黑色】色板，然后将复制的黑色副本色板应用给要挖空颜色的对象，如图8-5所示。

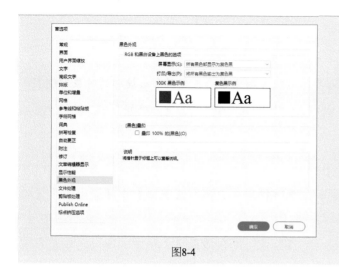

图8-4 图8-5

陷印设置

8.2

四色印刷的原理是先将文档原稿分色制成青、洋红、黄、黑四色印版，印刷时再进行色彩合成。执行【窗口】|【输出】|【分色预览】命令打开【分色预览】对话框，在【视图】下拉列表中选择【分色】就可以查看不同颜色的印版，如图8-6所示。

图8-6

在印刷机上，每块印版必须与其他印版精确套准，如果套色产生一点误差，相邻的色彩之间就会产生白边。陷印就是在颜色交接的地方采用交接的两种颜色互相渗透，以此来避免白边的产生，如图8-7所示。因此陷印也被称为补漏白，颜色相互渗透的宽度被称为陷印值。

漏白

陷印

图8-7

当图形中包含较大的色块、在图形中输入较大的文字，或者图形与接邻的对象有明显的颜色差别时，就要考虑陷印的问题。连续色调的照片和渐变图形不需要进行陷印处理。

8.2.1 创建陷印预设

在InDesign中设置陷印的方法有两种。第一种方法是执行【窗口】|【输出】|【陷印预设】命令打开【陷印预设】面板，如图8-8所示。

双击面板中的【默认】预设，在打开的【修改陷印预设选项】对话框中可以设置各项陷印参数，如图8-9所示。

图8-8

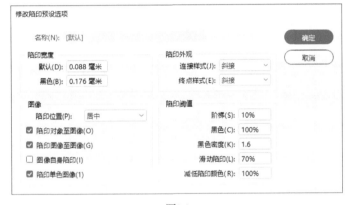

图8-9

其中主要选项含义如下：

- 默认：设置陷印值，也就是颜色相互渗透区域的宽度。该数值可以按照加网线数的0.5到2倍线宽计算，下表给出了一些典型陷印值以供参考。

印刷方式	承印材料	加网线/lpi	陷印值/mm
单张纸胶印	有光铜版纸	150	0.08
单张纸胶印	无光纸	150	0.08
卷筒纸胶印	有光铜版纸	150	0.1
卷筒纸胶印	无光商业印刷纸	133	0.13
卷筒纸胶印	新闻纸	100	0.15
柔性版印刷	有光材料	133	0.15
柔性版印刷	新闻纸	100	0.2
柔性版印刷	牛皮纸	65	0.25
丝网印刷	纸或纺织品	100	0.15
凹印	有光表面	150	0.08
印刷方式	承印材料	加网线/lpi	陷印值/mm

- 黑色：设置油墨扩展到纯黑色的距离，该数值不要超过【默认】值的1.5~2倍。
- 连接样式：设置两个陷印端的外部连接形状。
- 终点样式：设置陷印相交点的形状。
- 陷印位置：设置矢量对象与位图图像连接时的边界线位置。
- 陷印对象至图像：矢量对象与位图图像重叠时，开启该选项可以让矢量对象按照【陷印位置】的设置陷印到图像。
- 陷印图像至图像：开启该选项后沿着重叠的位图图像边界陷印。
- 图像自身陷印：开启该选项后在位图图像中颜色之间陷印，该选项仅针对颜色简单或高对比度的位图图像，连续色调的位图图像开启该选项会产生不良效果。
- 陷印单色图像：将单色图像陷印到相邻对象中。
- 阶梯：设置相邻颜色的渗透程度，较低的数值可以提高色调差的敏感度，并且产生更多的陷印。
- 黑色：设置应用【黑色】陷印宽度前所需的最少黑色油墨量。
- 黑色密度：设置一个中心密度值，当油墨达到该值时，系统会将该油墨视为黑色。
- 滑动陷印：设置中性密度间的百分差，达到该数值时，陷印将从颜色边缘较深的一侧向中心线移动。
- 减低陷印颜色：使用相邻颜色中的成分降低陷印颜色深度，可以防止产生过深的轮廓。

8.2.2 手动陷印设置

提高陷印值可以避免产生漏白，如果陷印值过高，又会在陷印边缘产生加深的轮廓线，同样影响印刷品的美观。如果漏白现象只出现在各别形状复杂的区域，可以采用叠印描边的手段对漏白的部分进行修正。手动陷印设置的操作方法如下：

01 执行【文件】|【打开】命令，打开附赠素材中的【实例\第8章\实例02\开始.indd】文件，效果如图8-10所示。

02 选取页面上的图形，在【属性】面板中设置与填色相同颜色的描边，设置【粗细】为10点，如图8-11所示。

图8-10

图8-11

03 执行【窗口】|【输出】|【属性】命令，在【属性】面板中勾选【叠印描边】复选框，如图8-12所示。

04 执行【视图】|【叠印预览】命令，就可以直接在页面上查看陷印后的效果，如图8-13所示。

图8-12

图8-13

手动进行陷印设置时，描边粗细相当于陷印值。一般情况下，描边粗细参数尽量不要超过0.25点，实例中设置为10点只是为了方便查看效果。

8.3 印前检查

输出或打印文档之前必须要对文档进行一次印前预检，以免打印或印刷后才发现错误，从而造成无法挽回的损失。

01 编排文档的过程中，一旦InDesign检测到错误，就会在主界面下方的状态栏中显示出警告标志，如图8-14所示。

02 双击警告标志就可以打开【印前检查】面板，如图8-15所示。

图8-14

图8-15

03 在【印前检查】面板中可以看到所有的错误列表，展开【信息】选项组可以查看解决错误的建议，如图8-16所示。

04 在默认设置下，系统只检测图像链接错误、缺失的字体和溢流文本。如果想检查更多的内容，可以单击面板右上角的≡按钮，在弹出的菜单中选择【定义配置文件】命令，打开【印前检查配置文件】对话框，如图8-17所示。

图8-16　　　　　　　　　　　　　　　　　　图8-17

05 单击➕按钮新建一个配置文件，选择需要检测的内容后单击【存储】和【确定】按钮，如图8-18所示。

06 在【印前检查】面板的【配置文件】下拉列表中选择自定义的配置文件，就会根据当前的配置重新检查文档，如图8-19所示。

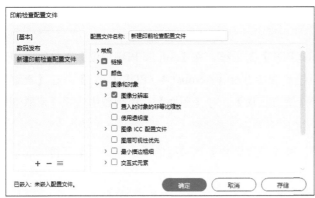

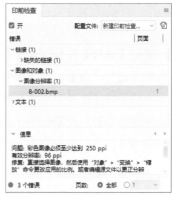

图8-18　　　　　　　　　　　　　　　　　　图8-19

输出PDF

8.4

向印刷厂提交文档时有两种方法：第一种方法选择是利用打包功能把文档连同所有素材一并发送；第二种方法是只发送导出的PDF文件。这两种方法各有利弊，选择哪种方法主要取决于设计者对印刷要求的熟悉程度。

8.4.1 导出PDF文件

PDF是一种跨平台的电子文件格式，具有许多其他电子文档格式无法相比的优点。PDF格式提供了灵活的压缩算法，不但可以将文字、颜色和图形图像等元素封装在一个文件中，还支持文本链接、声音和动态影像等电子信息，可以真实呈现原稿上的所有内容。

PDF格式以PostScript语言图像模型为基础，无论在哪种打印机或印刷设备上都可保证精确的颜色和准确的印刷效果，目前已经成为印刷制程中的标准格式。

下面通过实例介绍在InDesign中导出预览品质PDF文件的方法：

01 执行【文件】|【打开】命令，打开附赠素材中的【实例\第8章\实例03\开始.indd】文件。

02 执行【文件】|【导出】命令，打开【导出】对话框，在【保存类型】下拉列表中选择【Adobe PDF（打印）】，如图8-20所示。

图8-20

03 单击【保存】按钮打开【导出Adobe PDF】对话框，在【Adobe PDF预设】下拉列表中选择【印刷质量】，在【兼容性】下拉列表中选择【Acrobat 4（PDF 1.3）】。在【查看】选项组的【视图】下拉列表中选择【适合页面】，在【版面】下拉列表中选择【双联连续（封面）】，如图8-21所示。

04 单击【压缩】选项，在【彩色图像】和【灰度图像】选项组的【图像品质】下拉列表中均选择【中】，如图8-22所示。

图8-21

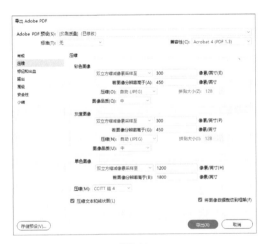

图8-22

05 单击【标记和出血】选项，用于打印和预览的PDF文档无须设置标记和出血，因此需要取消所有复选框的勾选，如图8-23所示。

06 单击【输出】选项，在【颜色转换】下拉列表中选择【无颜色转换】，确认【包含配置文件方案】下拉列表中为【不包含配置文件】，如图8-24所示。

图8-23　　　　　　　　　　　　　图8-24

07 单击【导出】按钮即可生成预览品质的PDF文档，效果如图8-25所示。

图8-25

8.4.2 Adobe PDF预设

与新建InDesign文档时创建的预设模板一样，Adobe PDF预设的作用相当于PDF导出模板。下次导出PDF文件时只需选择合适的模板，就能快速完成一系列的导出设置。这里就以导出印刷品质的PDF文件为例，讲解创建Adobe PDF预设的方法。

01 继续前面的实例。执行【文件】|【Adobe PDF预设】|【定义】命令，打开【Adobe PDF】对话框。在【预设】列表中选择【PDF/X-1a：2001（Japan）】，然后单击【新建】按钮，如图8-26所示。

02 在【新建PDF导出预设】对话框中设置【预设名称】为【自定义印刷】，如图8-27所示。

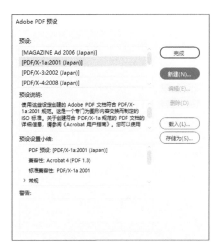

图8-26

图8-27

03 单击【压缩】选项，在【彩色图像】和【灰度图像】选项组的【压缩】下拉列表中均选择【无】，如图8-28所示。

04 单击【标记和出血】选项，在【标记】选项组中勾选【裁切标记】、【出血标记】和【套准标记】复选框，在【出血和辅助信息区】选项组中勾选【使用文档出血设置】复选框。单击【确定】按钮完成设置，如图8-29所示。

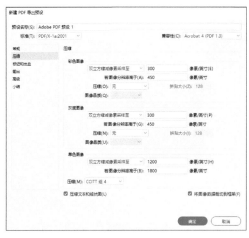

图8-28

图8-29

05 下次需要导出印刷品质的PDF文件时，在【导出Adobe PDF】对话框的【Adobe PDF预设】下拉列表中选择【自定义印刷】，单击【导出】按钮即可输出文件，如图8-30所示。导出的PDF文件如图8-31所示。

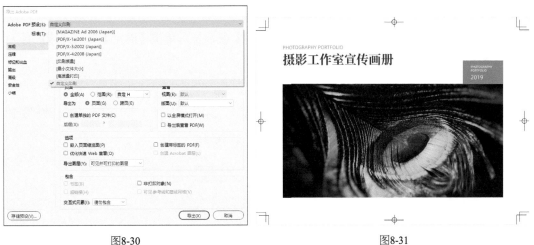

图8-30   图8-31

8.4.3 文本转曲导出

所谓转曲就是将文字转换成图形，目的是避免输出的文档发生字体缺失等问题。因为文字转曲后就不能编辑修改了，所以转曲之前一定要检查核对。文字转曲的方法有两种：第一种方法是选中文本框架后执行【文字】|【创建轮廓】命令。如果文档中包含大量文字，那么逐个文本框架转曲就成了非常麻烦的操作。这时可以采用第二种方法，在输出PDF文档时一次性将所有文字转换成图形。

01 执行【文件】|【打开】命令，打开附赠素材中的【实例\第8章\实例04\开始.indd】文件。展开【页面】面板，双击【A-主页】进入编辑模式，如图8-32所示。

02 在主页上创建一个任意大小的矩形。执行【窗口】|【效果】命令，在【效果】面板中设置【不透明度】参数为0%，如图8-33所示。

图8-32

图8-33

03 执行【编辑】|【透明度拼合预设】命令，在【透明度拼合预设】对话框中单击【新建】按钮，如图8-34所示。

04 设置【栅格/矢量平衡】为100，【线状图和文本分辨率】为1200ppi，【渐变和网格分辨率】为200ppi。勾选【将所有文本转换为轮廓】复选框后单击【确定】按钮完成设置，如图8-35所示。

图8-34   图8-35

05 执行【文件】|【导出】命令，单击【保存】按钮打开【导出Adobe PDF】对话框。在【兼容性】下拉列表中选择【Acrobat 4（PDF 1.3）】，如图8-36所示。

06 单击【高级】选项，在【预设】下拉列表中选择上一步设置的透明度拼合预设。单击【导出】按钮，所有文字就转换成曲线了，如图8-37所示。

图8-36   图8-37

8.4.4 打包输出文档

直接发送InDesign文档的好处是，对方不但可以查看设计效果，而且可以对文档进行编辑修改。如果设计者不熟悉印刷标准，担心自己导出的PDF文件达不到印刷要求，就可以采用这种方式向印刷厂提交成品。

01 执行【文件】|【打包】命令，在打开的【打包】对话框中确认字体和图像没有缺失，然后单击【打包】按钮，如图8-38所示。

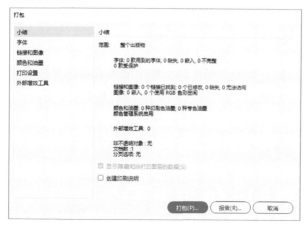

图8-38

02 在【打包出版物】对话框中选择打包文件的保存路径，然后设置打包选项。单击【打包】
按钮开始打包输出，如图8-39所示。

图8-39

其中主要选项含义如下：

- 复制字体：把文档使用的字体复制到打包路径的【Font】文件夹中。
- 复制链接图形：把文档使用的图像复制到打包路径的【Links】文件夹中。
- 更新包中的图形链接：把文档使用的所有图像更新后再复制到【Links】文件夹中。
- 仅使用文档连字例外项：打包文件夹中不包括使用连接符的链接文件。
- 包括隐藏和非打印内容的字体和链接：把文档中隐藏起来和被设置为非打印属性的字体
  和图像复制到打包路径中。
- 包括IDML：IDML是一种交换格式文件，将文档保存为IDML格式，CS4及以上版本的
  InDesign都可以打开。
- 包括PDF（打印）：完成文档、字体和图像的复制后在打包路径中导出PDF文件。
- 选择PDF预设：在下拉列表中选择导出PDF的配置预设。

打印输出

8.5

打印就是利用打印机将文档中的内容输出到纸张上，与印刷相比，打印的精细度较低，优点是批量小时成本比较低。

8.5.1 打印单页文档

打印海报、DM单、菜谱等单页稿件的方法非常简单，执行【文件】|【打印】命令，打开【打印】对话框，如图8-40所示。

1. 常规选项

打印单页文档时，首先需要在对话框上方的【打印机】下拉列表中选择与电脑连接的打印机型号，然后在【常规】选项组中设置打印份数、需要打印的页面范围和是否打印空白页面和辅助线等选项。如果打印机不支持双面打印，可以在【打印范围】下拉列表中选择【仅奇数页】，正面打印完成后把打印纸翻过来，在【常规】选项组中将【打印范围】设置为【仅偶数页】，然后再次打印即可。

图8-40

2. 设置选项

在【设置】选项组中可以设置打印纸张的大小、页面方向和页面缩放选项，如图8-41所示。如果文档的页面尺寸和打印纸张的大小不匹配，可以勾选【缩放以适合纸张】单选按钮。

3. 标记和出血选项

在【标记和出血】选项组中，可以选择是否打印出血位和印刷标记，如图8-42所示。出版物印刷好后还要经过切纸、覆膜、装订等工序才能得到成品，在裁切过程中一旦出现误差，成品上就会留下白边或者部分内容被裁剪掉。出血就是让页面上的有效内容向外延展一定尺寸，给裁切工序留出足够的公差。印刷标记指的是对齐分色色版用的套准标记、用于定位切纸位置的裁切标记、用于调整印刷机油墨密度的颜色条等辅助记号和信息。

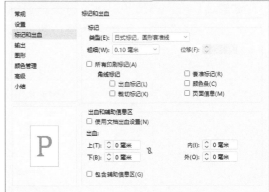

图8-41   图8-42

出血和印刷标记只在印刷文档时才有用，用打印机打印文档时，需要在【标记和出血】选项组中取消所有复选框的勾选，并且将所有出血参数均设置为0毫米。

4. 输出选项

在【输出】选项组中可以设置油墨类型，如图8-43所示。绝大多数打印机采用的都是RGB颜色模式，即使文档采用的是CMYK色彩模式，发送给打印机时也应该在【颜色】下拉列表中选择【复合RGB】。

5. 图形选项

在【图形】选项组中，可以设置如何将图像和字体信息发送给打印机，如图8-44所示。在【发送数据】下拉列表中选择【全部】，打印时会将全分辨率的图像数据发送给打印机；选择【优化次像素采样】，会将足够满足打印精度的像素发送给打印机，选择该选项既能保证打印精度，又能节约打印时间。

图8-43   图8-44

6. 颜色管理选项

在【颜色管理】选项组中，可以选择颜色处理方式和打印机配置文件，如图8-45所示。这些选项的作用是通过颜色管理系统将文档中的颜色转换成打印机的色彩空间，最大程度的让文档色彩和打印色彩保持一致，如果读者对这些配置文件不够了解，最好保持默认参数不变。

图8-45

8.5.2 打印小册子

打印有很多跨页的画册或宣传手册就会涉及拼版的问题，如图8-46所示。InDesign提供了打印小册子功能，利用这项功能不熟悉拼版的读者也可以轻松地打印多页面文档。

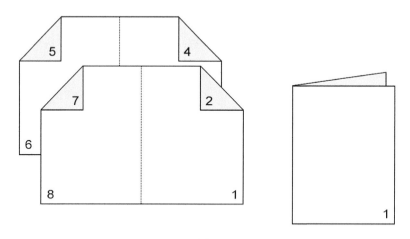

图8-46

下面通过一个实例学习打印小册子的方法。

01 单击开始工作区中的【新建】按钮，打开【新建文档】对话框。设置页面的【宽度】为148毫米，【高度】为210毫米，设置【页面】数量为4，然后单击【边距和分栏】按钮，如图8-47所示。

02 在【新建边距和分栏】对话框中单击【确定】按钮生成文档。

图8-47

设计需要用小册子方式打印的文档前要注意两点：第一点是小册子中的页面数量应该是4的整数倍，如果不是，系统就会在小册子中创建空白页面，如图8-48所示；第二点是小册子的页面尺寸要根据打印机的最大打印幅面设置，由于小册子打印的是跨页，所以打印纸张的尺寸应该是文档页面的一倍，页面的打印方向也要与文档的页面方向相反。假设打印机的最大打印幅面为A4，那么文档的页面大小最好不要超过A5。

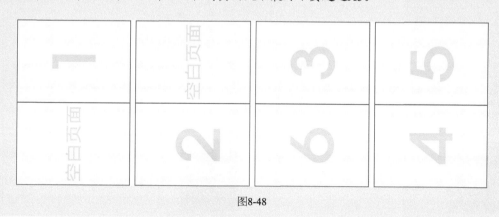

图8-48

03 执行【文件】|【打印小册子】命令，打开【打印小册子】对话框。在【小册子类型】下拉列表中选择装订方式，如图8-49所示。

04 单击【打印设置】按钮打开【打印】对话框，勾选【打印空白页面】复选框，如图8-50所示。

图8-49

图8-50

05 单击【设置】选项，根据需要选择纸张大小，设置【页面方向】为横向，然后勾选【缩放以适合纸张】单选按钮，如图8-51所示。

06 单击【标记和出血】选项组，取消【使用文档出血设置】复选框的勾选，设置所有出血参数均为0毫米，单击【确定】按钮完成打印设置，如图8-52所示。

图8-51

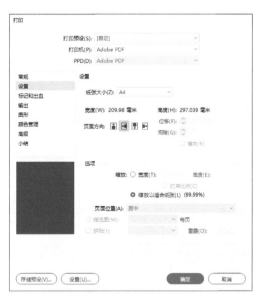

图8-52

07 在【打印小册子】对话框中单击【预览】选项，拖动滑块就能看到拼版结果。

第 9 章

综合案例制作

经过前面几个章节的学习，读者已经对InDesign的各项功能有了比较全面的了解。本章将制作几个具有代表性的综合案例，通过实战巩固已经学习过的内容，同时积累更多的实际工作经验。

9.1 宣传单的设计与编排

派发宣传单是最常见，也是最平价、实用的宣传方式。宣传单的种类有很多，大多数采用单页双面印刷的形式。这里就以三折页为例，学习宣传单类印刷品的设计思路和编排流程，实例效果如图9-1所示。

图9-1

9.1.1 宣传单的设计流程

无论设计印刷品还是其他类型的平面作品，都要经过以下几个步骤。

1. 明确设计内容

接到设计任务后，首先要分析客户提出来的设计要求。在明确印刷品的设计目的、设计形式和设计风格的基础上，通过小样与客户进一步沟通，最终确定设计方案。有些情况下，客户只会提出比较模糊的设计意愿。这时设计者需要认真研究客户的企业背景，根据企业规模、行业特点和产品定位，并结合目标受众的偏好明确设计形式。

2. 准备设计素材

第二个步骤是研究客户提供的文案资料，根据文案的内容多少确定版面布局，同时从中提炼卖点进行专门设计，以此来打动目标受众，实现帮助客户促进销售的目的。

这个阶段的另一项任务是检查客户提供设计信息是否齐全，图像素材的分辨率能否满足印刷需要，商标或企业LOGO是否为矢量格式。如果有些设计素材客户没有提供，需要及时与客户联系或者自行收集，自行收集图像和字体等设计素材时特别要注意版权的问题。

3. 确定设计尺寸

三折页主要有A4和A3两种规格，最常用的A4三折页成品尺寸为210mm×285mm，折叠后的尺寸为210mm×95mm。因为三折页印刷出来后需要折叠，如果将页面三等分，成品折叠起来后封面就会短一截。因此，设计三折页时需要根据不同的折法安排每个栏的宽度，如图9-2所示。

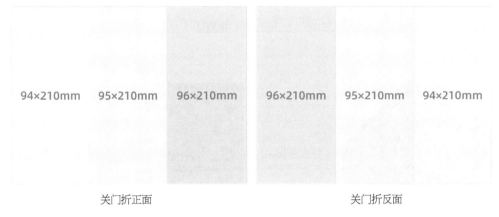

图9-2

4. 提炼版式布局

接下来就要在InDesign中一步步地将设计构思转换成为设计成品。与其他类型的单页宣传单有所不同，由于三折页是按照一定规律折叠起来的，一张纸会被划分成6个区域，这些区域折叠后相对独立，完全展开后又会成为一个整体。另外，目标受众翻看三折页时会按照折叠顺序依次展开，阅读顺序相对固定。

根据这些特点，设计三折页时最好从基本几何形状入手，首先合理安排正反两面的整体布局，然后规划每个区域的内容安排，如图9-3所示。

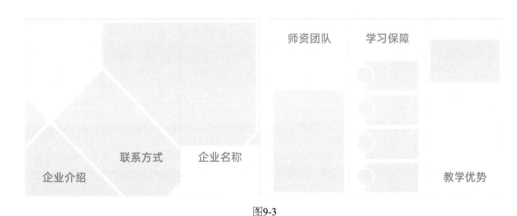

图9-3

5. 确定主色和配色

常规的配色思路是先确定一个颜色作为主色，这个主色可以根据客户的行业特点决定，例如家电和科技企业普遍倾向蓝色调的主色，食品和化妆品行业多采用绿色调。此外，也可以根据颜色的象征意义或目标受众的偏好决定，例如店庆和节日期间的宣传单通常使用喜庆的红色调，青少年和儿童更偏好显眼醒目的橘黄色。

辅助色可以利用Adobe Color Themes提供的配色规则确定，也可以使用黑白灰色调进行调和，如图9-4所示。

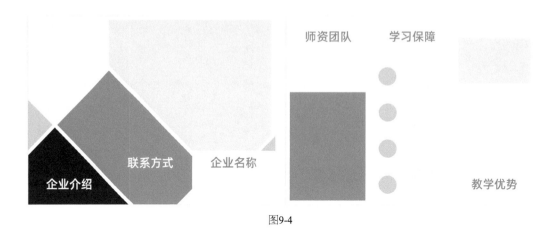

图9-4

6. 输入标题和文本

宣传单中的字体数量不宜过多，通常使用两种中文字体，分别用于标题和内文，英文字体或艺术字体的数量视具体实际情况而定。打折促销的宣传语和主要针对男性受众的宣传单一般使用笔画较粗或棱角分明的等线字体；针对儿童或女性受众的宣传单一般使用纤细、圆滑的等线字体或衬线字体，如图9-5所示。

图9-5

9.1.2 创建文档和参考线

01 运行InDesign，单击开始工作区中的【新建】按钮，打开【新建文档】对话框。设置【宽度】为285毫米，【高度】为210毫米，【页面】数量为2，取消【对页】复选框的勾选后单击【边距和分栏】按钮，如图9-6所示。

02 在【新建边距和分栏】对话框中设置【边距】选项组中的所有参数均为5毫米，单击【确定】按钮生成文档，如图9-7所示。

图9-6

03 将光标移动到垂直标尺上，按住鼠标拖动创建一条参考线。执行【窗口】|【控制】命令显示出【控制】面板，在【控制】面板中设置【X】参数为94毫米，如图9-8所示。

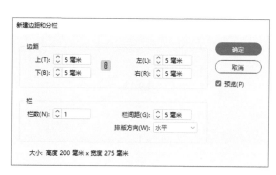

图9-7

图9-8

04 按快捷键Ctrl＋C和Ctrl＋V复制参考线，在【控制】面板的【X】参数后面输入【－5】，然后按键盘上的回车键，如图9-9所示。

05 复制第一条垂直参考线，在【X】参数后面输入【＋5】。同时选中页面上的三条参考线后进行复制操作，在【X】参数后面输入【＋95】，结果如图9-10所示。

图9-9

图9-10

06 将第一个页面上的参考线复制到第二个页面上，选取第二个页面上的所有参考线，在【X】参数后面输入【＋2】，结果如图9-11所示。

图9-11

07 切换回第一个页面，将光标移动到水平
标尺上，按住鼠标拖动创建水平参考
线。在【控制】面板中设置【Y】参数
为55毫米。再次创建两条水平参考线，
设置【Y】参数为61毫米和150毫米，如
图9-12所示。

图9-12

9.1.3 设置颜色和样式

01 执行【窗口】|【颜色】|【色板】命令，在【色板】面板中双击第一个自定义色板，修
改颜色值为CMYK＝80、74、72、48，如图9-13所示。

02 设置第二个自定义色板的颜色值为CMYK＝8、6、5、0；设置第三个色板的颜色值为
CMYK＝4、69、88、0；设置第四个色板的颜色值为CMYK＝5、27、83、0。将其余的色
板拖到面板下方的圙按钮上删除，结果如图9-14所示。

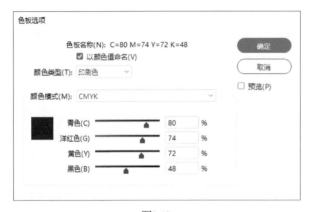

图9-13

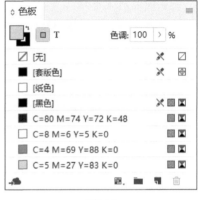

图9-14

03 执行【窗口】|【样式】|【对象样式】命令，双击【基本图形框架】打开【对象样式选项】对话框。单击【描边】选项组，设置颜色为【无】，如图9-15所示。

04 单击【框架适合选项】组，勾选【自动调整】复选框，在【适合】下拉列表中选择【按比例填充框架】，单击【确定】按钮完成设置，如图9-16所示。

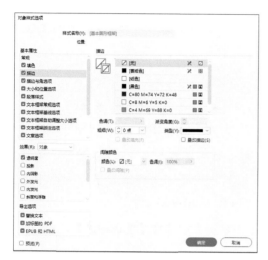

图9-15   图9-16

05 执行【窗口】|【文字和表】|【段落】命令，打开【段落】面板。在【标点挤压设置】下拉菜单中选择【基本】打开【标点挤压设置】对话框，如图9-17所示。

06 单击【新建】按钮，设置新建标点挤压集的名称为【首行缩进】后单击【确定】按钮，如图9-18所示。

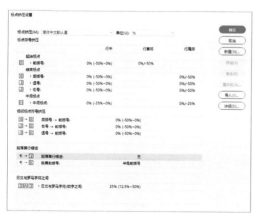

图9-17   图9-18

07 单击【段落首行缩进】右侧的【无】，在弹出的列表中选择【2个字符】，单击【存储】按钮后单击【确定】按钮完成设置，如图9-19所示。

08 执行【窗口】|【样式】|【段落样式】命令，打开【段落样式】面板。单击 按钮新建一个样式，点两下样式名称，将其修改为【正文】，如图9-20所示。

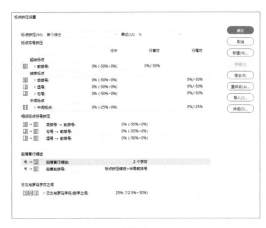

图9-19   图9-20

09 双击新建的样式打开【段落样式选项】对话框，单击【基本字符格式】选项，在【字体系列】下拉列表中选择【阿里巴巴普惠体】，在【字体样式】下拉列表中选择【Regular】，设置【大小】为8点，【行距】为14点，如图9-21所示。

10 单击【日文排版设置】选项，在【标点挤压】下拉列表中选择【首行缩进】，单击【确定】按钮完成设置，如图9-22所示。

图9-21   图9-22

11 双击【段落样式】面板中的【基本段落】，单击【基本字符格式】选项，在【字体系列】下拉列表中选择【阿里巴巴普惠体】，在【字体样式】下拉列表中选择【Regular】。单击【确定】按钮完成设置，如图9-23所示。

图9-23

9.1.4 绘制图形和图像

01 按快捷键P激活【钢笔工具】✐，捕捉页边距和参考线的交点创建一个多边形，绘制完成后按Ctrl＋D快捷键，置入附赠素材中的【实例\第9章\实例01\Links\001.jpg】图像，结果如图9-24所示。

02 按快捷键M激活【矩形工具】▭，在页面上单击，在【矩形】对话框中设置【宽度】参数为85毫米，【高度】参数为160毫米，单击【确定】按钮生成图形，如图9-25所示。

图9-24

03 选中新建的矩形，执行【编辑】|【多重复制】命令，打开【多重复制】对话框。勾选【创建为网格】复选框，设置【行】和【列】参数为2，【垂直】参数为-164毫米，【水平】参数为89毫米，单击【确定】按钮复制矩形，如图9-26所示。

图9-25

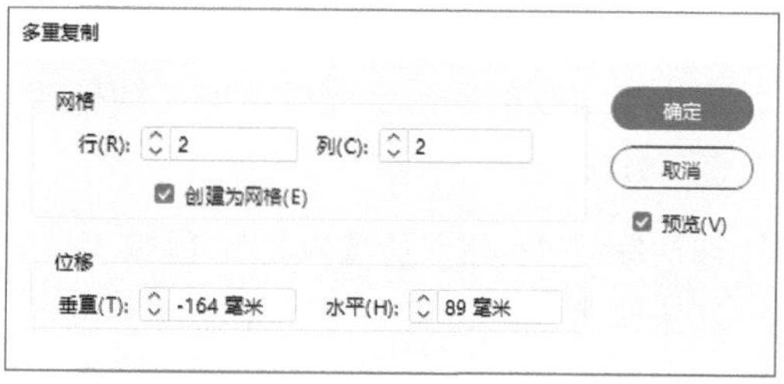

图9-26

04 将右上方的矩形删除，参考图9-27所示设置剩余三个矩形的填色。

05 同时选中三个矩形，在【控制】面板中设置【旋转角度】为45°，然后将矩形移动到如图9-28所示的位置。

图9-27

图9-28

06 选中黑色的矩形，在【控制】面板中将参考点设置为正上方，然后设置【W】参数为90毫米，如图9-29所示。

图9-29

07 在出血线的外侧，如图9-30所示的位置创建一个矩形。同时选中新建的矩形和黄色的矩形，执行【窗口】|【对象和版面】|【路径查找器】命令，单击【路径查找器面板】中的█按钮。

图9-30

08 重复创建矩形和相减操作，将三个矩形超出出血线的部分全部修剪掉，结果如图9-31所示。

09 按快捷键M创建一个【W】和【H】均为20毫米的矩形，将矩形的【填色】设置为黄色色板，然后移动到如图9-32所示的位置。

图9-31

10 激活工具箱中的【删除锚点工具】，单击黄色矩形左上角的锚点将其删除，结果如图9-33所示。

图9-32

图9-33

11 按Ctrl＋C快捷键复制三角形，然后单击鼠标右键，在弹出的快捷菜单中执行【原位粘贴】命令。在【控制】面板中将参考点设置为右下角，然后修改【W】和【H】参数均为25毫米，如图9-34所示。

12 按住键盘上的Shift键加选与三角形相交的多边形，单击【路径查找器】面板中的 按钮，结果如图9-35所示。

图9-34

图9-35

13 切换到第二个页面，按快捷键M激活【矩形工具】 ，捕捉页边距和参考线创建一个矩形。在【控制】面板中设置【H】参数为120毫米，【填色】为橘黄色，结果如图9-36所示。

14 在页面的右上方捕捉页边距和参考线创建一个矩形，在【控制】面板中设置【H】为50毫米，按Ctrl＋D快捷键置入附赠素材中的【实例\第9章\实例01\Links\002.jpg】图像，如图9-37所示。

图9-36

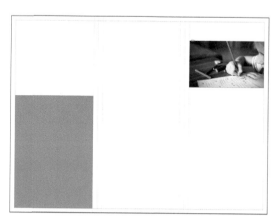

图9-37

15 再次在页面下方创建一个【W】为65毫米，【H】为35毫米的矩形，设置矩形的【填色】为浅灰色色板，如图9-38所示。

16 按快捷键L激活【椭圆工具】 ，在页面上创建一个圆形。在【控制】面板中设置【填色】为黄色色板，【描边】为【纸色】，【粗细】为2点。设置圆形的【W】和【H】参数均为22毫米，然后与浅灰色矩形对齐，结果如图9-39所示。

图9-38

图9-39

9.1.5 编排标题和文本

01 按快捷键T激活【文字工具】 T，在第一个页面的右下方创建文本框架并输入标题。按 Ctrl＋A快捷键选取文本框架中的所有文本，修改【文本大小】为16点，【行距】为24 点，如图9-40所示。

02 选取标题的第一行，设置【字体样式】为【Bold】，设置【字体大小】为26点，【行距】 为48点。接下来参照如图9-41所示修改标题的颜色。

图9-40

图9-41

03 选择标题的最后一行，单击【控制】面板最右侧的≡按钮，在弹出的菜单中选择【段落 线】，在打开的【段落线】对话框的下拉列表中选择【段后线】，勾选【启用段落线】复 选框，如图9-42所示。

04 设置【粗细】为1点，在【颜色】下拉列表中选择黄色色板，设置【位移】为3毫米，【右 缩进】为37毫米，单击【确定】按钮完成设置，如图9-43所示。

图9-42

图9-43

05 在文本框架上单击鼠标右键，在弹出的快捷菜单中执行【文本框架选项】命令，在打开的【文本框架选项】对话框中设置【上】参数为10毫米，【左】参数为5毫米，单击【确定】按钮将对话框关闭，如图9-44所示。编排完成的封面标题如图9-45所示。

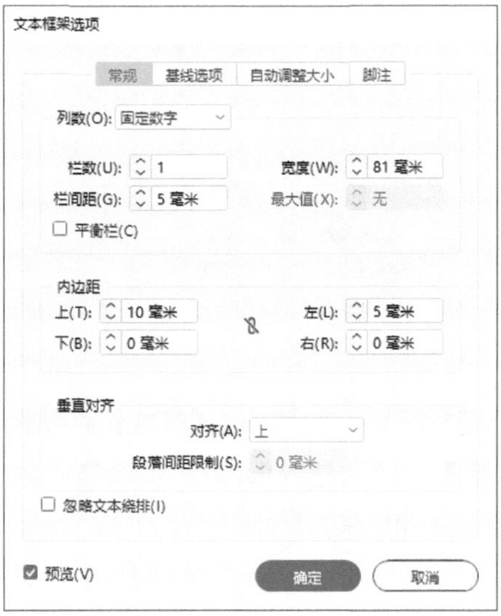

图9-44

图9-45

06 在图9-46所示的位置创建一个文本框架并输入联系信息。选中所有文本，设置【填色】为【纸色】，【字体大小】为10点，【行距】为20点。

07 在页面的左下角创建一个文本框架，修改【W】参数为67毫米。在文本框架内输入文本，在【属性】面板的【文本样式】下拉列表中选择【正文】。选取所有文本，设置【填色】为【纸色】，如图9-47所示。

08 选取文本的第一行，设置【填色】为黄色，【字体样式】为【Medium】，【字体大小】为18点，【行距】为【自动】，如图9-48所示。

09 在【属性】面板中展开【段落】选项组，在【标点挤压样式】下拉列表中选择【简体中文默认值】，如图9-49所示。

图9-46

图9-47

图9-48

图9-49

10 选取文本的第二行,设置【字体大小】为15点,【行距】为30点。在【属性】面板的【标点挤压样式】下拉列表中选择【简体中文默认值】。按快捷键Esc退出编辑模式,单击【控制】面板上的【居中对齐】按钮,结果如图9-50所示。

11 继续在页面的左上角创建一个文本框架并输入文本。选取所有文本,在【属性】面板中设置段落样式为【正文】,设置【字体大小】为7点,【行距】为12点,如图9-51所示。

图9-50

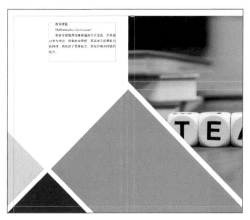

图9-51

12 选择文本的前两行，设置【填色】为橘黄色，【字体样式】为【Medium】，【字体大小】为12点，【行距】为14点。在【段落】选项组的【标点挤压样式】下拉列表中选择【简体中文默认值】，如图9-52所示。

13 选取文本的第二行，设置【填色】为黄色，【字体大小】为8点，结果如图9-53所示。

图9-52

图9-53

14 按住键盘上的Alt键，移动编辑好的文本框架进行复制操作，然后修改文本内容，结果如图9-54所示。

15 切换到第二个页面。在页面右上方创建一个【H】参数为30毫米的文本框架并输入标题。选中标题的第一行，设置【字体样式】为【Medium】，【字体大小】为18点，【行距】为24点，【填色】为橘黄色。选中标题的第二行，设置【字体样式】为【Medium】，【字体大小】为14点，如图9-55所示。

图9-54

图9-55

16 在文本框架上单击鼠标右键，在弹出的快捷菜单中执行【文本框架选项】命令，在打开的【文本框架选项】对话框中设置【上】参数为10毫米，【左】和【右】参数均为5毫米，单击【确定】按钮完成设置，如图9-56所示。

17 在标题下方创建一个文本框架并输入正文，在【属性】面板中设置【段落样式】为【正文】。在文本框架上单击鼠标右键，在弹出的快捷菜单中执行【文本框架选项】命令，设置【左】和【右】参数均为5毫米，单击【确定】按钮完成设置，如图9-57所示。

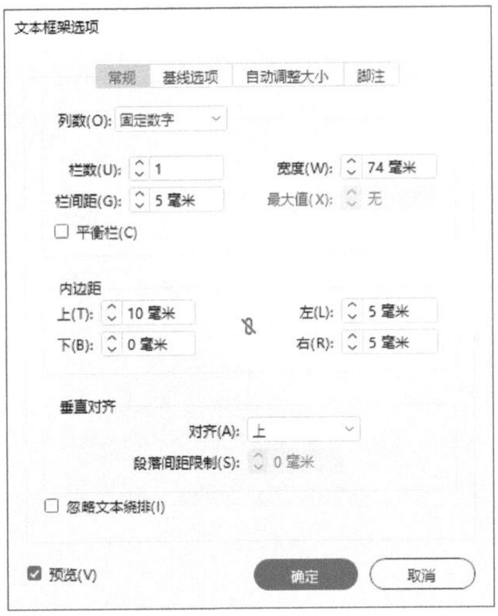

图9-56

图9-57

18 再次创建一个文本框架并输入正文，设置【字体大小】为8点，【行距】为12点。在【属性】面板中展开【段落】选项组，设置【段前间距】为8毫米，结果如图9-58所示。

19 执行【窗口】|【样式】|【字符样式】命令，在【字符样式】面板中单击 ▤ 按钮新建一个样式，将样式命名为【项目符号】，如图9-59所示。

图9-58

图9-59

20 单击【控制】面板最右侧的≡按钮，在弹出的菜单中选择【项目符号和编号】，在【列表类型】下拉列表中选择【项目符号】。单击【添加】按钮，打开【添加项目符号】对话框，在【字体系列】下拉列表中选择【宋体】，找到并选中实心圆点后单击【确定】按钮，如图9-60所示。

21 继续设置【左缩进】参数为10毫米，【首行缩进】参数为-10毫米，在【字符样式】下拉列表中选择【项目符号】，单击【确定】按钮完成设置，如图9-61所示。

图9-60　　　　　　　　　　　　　　　　图9-61

22 在页面的空白位置单击取消所有对象的选择，然后双击【字符样式】面板中的【项目符号】。单击【基本字符格式】选项，在【字体系列】下拉列表中选择【阿里巴巴普惠体】，设置【大小】为8点，如图9-62所示。

23 单击【字符颜色】选项，设置【填色】为橘黄色，【描边】颜色为黄色，【粗细】参数为1点，单击【确定】按钮完成设置，如图9-63所示。

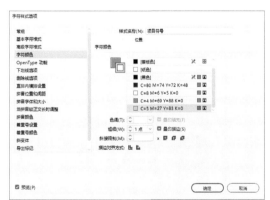

图9-62　　　　　　　　　　　　　　　　图9-63

24 在文本框架上单击鼠标右键，从弹出的快捷菜单中执行【文本框架选项】命令，设置【左】和【右】参数均为5毫米，单击【确定】按钮完成设置，结果如图9-64所示。

25 单击工具箱中的【文字工具】按钮**T**，在黄色圆形上单击并输入字母。设置【字体样式】为【Medium】，【字体大小】为36点，【填色】为【纸色】。单击【控制】面板上的【居中对齐】按钮≡。按键盘上的Esc键退出文本编辑模式，然后单击【控制】面板上的【居中对齐】按钮≡，结果如图9-65所示。

图9-64

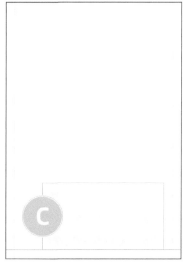

图9-65

26 在灰色矩形内输入文本，设置【段落样式】为【正文】。选中第一行文字，在【属性】面板中展开【段落】选项组，在【标点挤压样式】下拉列表中选择【简体中文默认值】。继续设置【字体大小】为11点，【行距】为18点，【填色】为橘黄色，如图9-66所示。

图9-66

27 选中矩形和圆形后执行【编辑】|【多重复制】命令，设置【计数】参数为3，【垂直】参数为-40毫米，如图9-67所示。

图9-67

28 重复前面的步骤创建其余的文本，然后根据需要调整字符和段落属性，结果如图9-68所示。

图9-68

9.1.6 版面细节处理

01 按快捷键M激活【矩形工具】▢，在第一个页面上创建【W】和【H】均为24毫米的正方形，设置【填色】为【纸色】后将正方形移动到如图9-69所示的位置。

02 执行【对象】|【生成QR码】命令，在【类型】下拉列表中选择【Web超链接】，在文本框中输入网址后单击【确定】按钮，如图9-70所示。

图9-69

图9-70

03 按快捷键V激活【选择工具】▶，在页面的空白位置单击取消所有对象的选择。按Ctrl＋D快捷键打开【置入】对话框，双击附赠素材中的【实例\第9章\实例01\Links\电话.png】图像，然后在页面上拖动鼠标置入图像。在【控制】面板中设置【W】和【H】参数均为4，单击【按比例填充框架】按钮▣，将图像移动到如图9-71所示的位置。

04 按住键盘上的Alt键复制两个图像，调整图像之间的位置关系，然后按Ctrl＋D快捷键替换复制的图像，结果如图9-72所示。

图9-71   图9-72

05 按快捷键L激活【椭圆工具】 ，在页面的左上方创建【W】和【H】均为14毫米的圆形，设置圆形的【填色】为橘黄色，如图9-73所示。

06 按快捷键T激活【文字工具】 T，在圆形上单击后执行【文字】|【字形】命令，在打开的【字形】对话框中选择【Segoe UI Emoji】字体，找到并双击钢笔图形，如图9-74所示。

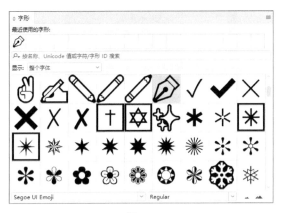

图9-73   图9-74

07 选中圆形内部的钢笔图形，设置【字体大小】为18点，【填色】为【纸色】，单击【居中对齐】按钮 。按键盘上的Esc键退出编辑模式，然后单击【控制】面板上的【居中对齐】按钮 ，结果如图9-75所示。

08 按住键盘上的Alt键移动圆形进行复制操作，修改复制圆形的【填色】为黑色，结果如图9-76所示。

图9-75

图9-76

09 切换到第二个页面，在页面的左上角创建一个文本框架。执行【文字】|【字形】命令，在【字形】对话框中选择【Emoji One】字体，找到并双击太阳图形。设置图形的【字体大小】为80点，然后让图形与文本框架居中对齐，结果如图9-77所示。

图9-77

9.1.7 文档打包和导出

01 执行【文件】|【Adobe PDF预设】|【定义】命令，在【Adobe PDF预设】对话框中单击【新建】按钮，如图9-78所示。

02 在【编辑PDF导出预设】对话框中设置【预设名称】为【预览效果】，单击【常规】选项，在【视图】下拉列表中选择【实际大小】，在【版面】下拉列表中选择【单页】，如图9-79所示。

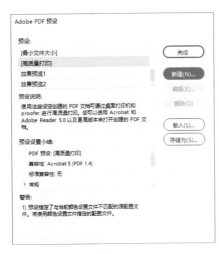

图9-78

图9-79

03 单击【压缩】选项卡，在【彩色图像】和【灰度图像】选项组的【图像品质】下拉列表中均选择【高】，单击【确定】按钮完成设置，如图9-80所示。

04 执行【文件】|【存储】命令保存文档，继续执行【文件】|【打包】命令，在打开的对话框中单击【打包】按钮，如图9-81所示。

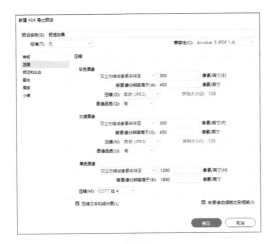

图9-80

图9-81

05 在【打包出版物】对话框中选择保存路径，在【选择PDF预设】下拉列表中选择【预览效果】，然后单击【打包】按钮，如图9-82所示。

图9-82

画册的设计与编排

9.2

画册就是装订成册的图文集，比较常见的画册类型有企业形象画册、产品宣传画册、个人作品画册等。画册结合了图书和杂志的部分特点，图像的占比更大，设计时主要讲求图文搭配和版式的多样化。这里就以摄影工作室宣传画册为例，学习编排画册的流程和技巧，实例效果如图9-83所示。

图9-83

9.2.1 画册设计概述

普通画册的装订方式多采用骑马钉，总页数必须是4的倍数。装订页数超过36P的画册和高档画册可采用无线胶装或锁线胶装，总页数应该是2的倍数。由于有页数方面的限制，接到设计任务后，首先应该明确画册的装订方式，然后分析客户提供的资料，确保在数量有限的页面上均衡、合理的安排内容。

画册的形式有横版、竖版和方型三种，幅面以A4和B4居多。A4幅面画册的成品尺寸为285mm×210mm，B4幅面画册的成品尺寸为260mm×185mm，方型画册的成品尺寸多采用210mm×210mm或280mm×280mm。画册的出血位为3mm，文字尽量放置在裁切线内5mm。

在设计形式方面，摄影集、作品集之类的画册普遍采用简约的设计风格，这种风格以文字和图像为主，极少使用装饰元素，主要通过低版面率和留白营造氛围。产品宣传画册的设计风格比较多样，展示青年和儿童产品的画册偏好使用三种以上的多色彩配色，让人产生活泼、年轻的感觉。其他类型的产品宣传画册和企业形象画册通常使用单色系，同时结合各种图形的视觉效果，给人以或庄重、或进取的感受。

9.2.2 创建文档和样式

01 单击开始工作区中的【新建】按钮，打开【新建文档】对话框。设置【宽度】参数为260毫米，【高度】参数为185毫米，【页面】数量为10，如图9-84所示。

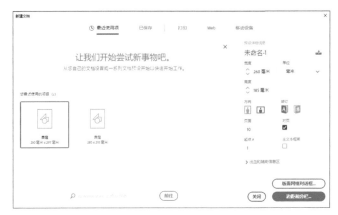

图9-84

02 单击【边距和分栏】按钮，设置【边距】选项组中的所有参数均为15毫米，设置【栏数】参数5，单击【确定】按钮生成文档，如图9-85所示。

图9-85

03 执行【窗口】|【颜色】|【色板】命令，在【色板】面板中设置第一个自定义色板的颜色值为CMYK=0、0、0、30；设置第二个自定义色板的颜色值为CMYK=0、0、0、60；设置第三个色板的颜色值为CMYK=0、0、0、90，如图9-86所示。

04 继续设置第四个色板的颜色值为CMYK=19、59、72、0，将剩余两个色板拖到面板下方的血按钮上删除，结果如图9-87所示。

图9-86

图9-87

05 执行【窗口】|【样式】|【对象样式】命令，双击【基本图形框架】打开【对象样式选项】对话框。选择【描边】选项，设置颜色为【无】，如图9-88所示。

06 选择【框架适合选项】，勾选【自动调整】复选框，在【适合】下拉列表中选择【按比例填充框架】，单击【确定】按钮完成设置，如图9-89所示。

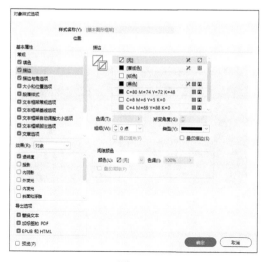

图9-88

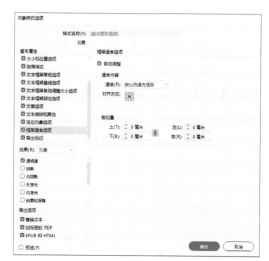

图9-89

07 执行【窗口】|【样式】|【段落样式】命令，双击【基本段落】样式打开【段落样式选项】对话框。单击【基本字符格式】选项，在【字体系列】下拉列表中选择【阿里巴巴普惠体】，在【字体样式】下拉列表中选择【Regular】，如图9-90所示。

08 单击【字符颜色】选项，设置【填色】为橘黄色，如图9-91所示。

图9-90

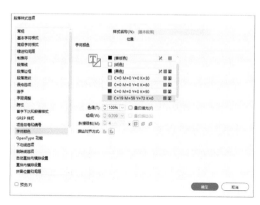

图9-91

9.2.3 置入图像素材

01 单击工具箱中的【矩形工具】按钮，在封面页捕捉页边距创建一个【H】为115毫米的矩形。确认矩形被选中，按Ctrl＋D快捷键置入附赠素材中的【实例\第9章\实例02\Links\001.jpg】图像。

02 在图像的右上方创建一个【W】为42毫米，【H】为24毫米的矩形，设置【填色】为橘黄色，如图9-92所示。

03 切换到第二个页面，创建【W】为75毫米，【H】为50毫米的矩形，按Ctrl＋D快捷键置入附赠素材中的【实例\第9章\实例02\Links\002.jpg】图像。

04 在第三个页面上创建一个【W】为104毫米，【H】为191毫米的矩形，按Ctrl+D快捷键置入附赠素材中的【实例\第9章\实例02\Links\003.jpg】图像，如图9-93所示。

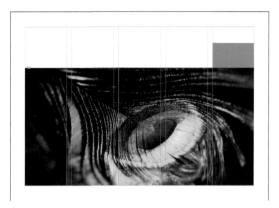

图9-92

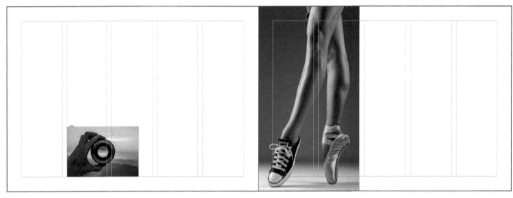

图9-93

05 取消所有对象的选取后按Ctrl+D快捷键，在【置入】对话框中选取附赠素材中的【实例\第9章\实例02\Links\004.jpg】和【实例\第9章\实例02\Links\005.jpg】图像后单击【打开】按钮，分别在页面4和页面5上拖动鼠标置入图像，结果如图9-94所示。

图9-94

06 在页面6上置入附赠素材中的【实例\第9章\实例02\Links\006.jpg】和【实例\第9章\实例02\Links\007.jpg】图像。继续在页面7上置入【实例\第9章\实例02\Links\008.jpg】图像，结果如图9-95所示。

图9-95

07 切换到页面8，按住Ctrl键在水平标尺上拖动鼠标创建一条跨页参考线，在【控制】面板中设置【Y】参数为130毫米，如图9-96所示。

图9-96

08 捕捉参考线和页边距创建矩形，置入附赠素材中的【实例\第9章\实例02\Links\009.jpg】图像。

09 继续在页面9上置入附赠素材中的【实例\第9章\实例02\Links\010.jpg】和【实例\第9章\实例02\Links\011.jpg】图像，结果如图9-97所示。

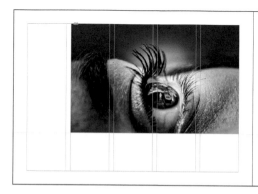
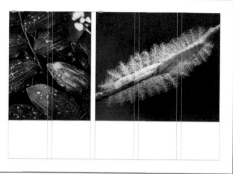

图9-97

10 切换到封底页，创建一个【W】为230毫米，【H】为78毫米的矩形，按Ctrl＋D快捷键置入附赠素材中的【实例\第9章\实例02\Links\012.jpg】图像，结果如图9-98所示。

图9-98

9.2.4 编排标题和文本

01 按快捷键T激活【文字工具】，在封面上创建文本框架并输入标题文本。选中标题的第一行，设置【字体大小】为14点，【行距】为24点，如图9-99所示。

02 选取标题的第二行，设置【字体】为【思源宋体】，【字体样式】为【Bold】，【字体大小】为36点，设置【填色】为第三个自定义色板，如图9-100所示。

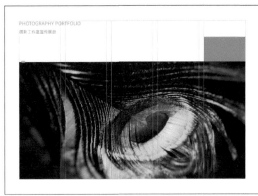

图9-99   图9-100

03 在橘黄色矩形上单击输入文本。选中所有文本，设置【填色】为【纸色】，【字体大小】为9点，【左缩进】为8毫米。选中第二行文本，设置【行距】为16点。选中第三行文本，设置【字体大小】为16点，结果如图9-101所示。

04 在页面2上创建文本框架并输入文本，选中第一行标题，设置字体为【思源宋体】，【字体样式】为【Bold】，【字体大小】为24点，【行距】为40点，如图9-102所示。

05 选取标题的第二行，设置【字体样式】为【Bold】，【字体大小】为42点，【字符间距】为-100，设置【填色】为第一个自定义色板，如图9-103所示。

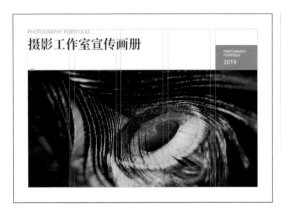

图9-101   图9-102

06 单击【控制】面板最右侧的≡按钮，在弹出的菜单中选择【段落线】，打开【段落线】对话框。先在下拉列表中选择【段后线】，然后勾选【启用段落线】复选框，如图9-104所示。

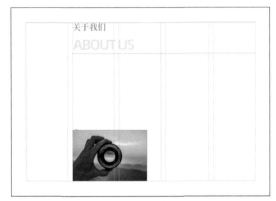

图9-103   图9-104

07 继续设置【粗细】为0.5点，【位移】为1毫米，单击【确定】按钮完成设置，如图9-105所示。

08 在标题下方创建一个文本框架并输入正文，选中所有文本，设置【字体大小】为9点，【行距】为18点，设置【填色】为第三个自定义色板，如图9-106所示。

图9-105   图9-106

09 在【属性】面板中展开【段落】选项组，在【标点挤压设置】下拉列表中选择【基本】。在【标点挤压设置】对话框中进行2个字符的首行缩进设置，如图9-107所示。

10 确认文本框架中的文本处于选中状态，执行【窗口】|【样式】|【段落样式】命令，单击 ▣ 按钮基于选中的文本创建段落样式，然后将段落样式命名为【正文】，如图9-108所示。

图9-107

图9-108

11 切换到页面3，在页面上方创建文本框架并输入文本。选中文本的第一行，设置【字体样式】为【Bold】，【字体大小】为70点，【行距】为100点，【字符间距】为-100，设置【填色】为第一个自定义色板，如图9-109所示。

12 单击【控制】面板最右侧的 ≡ 按钮，在弹出的菜单中选择【段落线】。在【段落线】对话框中开启段后线，然后设置【粗细】为0.5点，【位移】为3毫米，单击【确定】按钮完成设置，如图9-110所示。

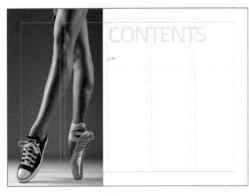

图9-109

图9-110

13 选择第二行文本，设置字体为【思源宋体】，【字体样式】为【Bold】，设置【字体大小】为24点。在文本框架上单击鼠标右键，在弹出的快捷菜单中执行【文本框架选项】命令，在打开的【文本框架选项】对话框中设置【上】参数为5毫米，【左】参数为20毫米，单击【确定】按钮完成设置，如图9-111所示。

14 在标题下方创建文本框架并输入目录正文。设置【字体大小】为16点，【行距】为36点。在文本框架上单击鼠标右键，在弹出的快捷菜单中执行【文本框架选项】命令，在打开的

【文本框架选项】对话框中设置【左】参数为22毫米。按Esc键退出文本编辑模式，然后单击【控制】面板上的【居中对齐】按钮≡，结果如图9-112所示。

图9-111

图9-112

15 切换到页面5，在页面的左下角创建一个文本框架并输入标题。设置字体为【思源宋体】，【字体样式】为【Medium】，【字体大小】为36点，设置【填色】为第二个自定义色板，如图9-113所示。

16 单击【控制】面板最右侧的≡按钮，在弹出的菜单中选择【段落线】。在【段落线】对话框的下拉菜单中选择【段后线】，勾选【启用段落线】复选框。设置【粗细】为0.5点，【位移】为2毫米，在【颜色】下拉列表中选择第一个自定义色板，单击【确定】按钮关闭对话框，如图9-114所示。

图9-113

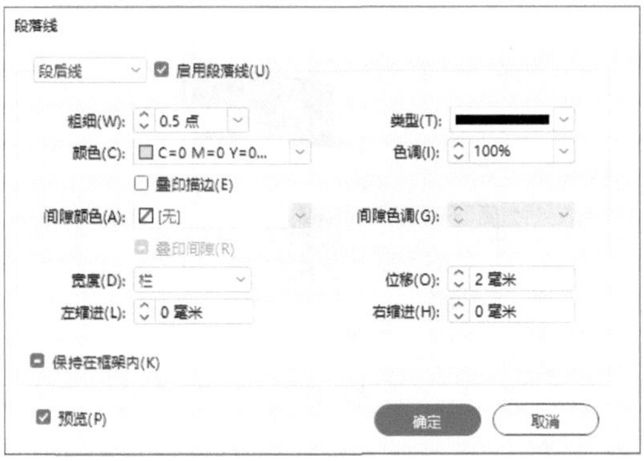

图9-114

17 确认标题文本处于选中状态，单击【段落样式】面板中的 ■ 按钮基于选中的文本创建段落样式，将段落样式命名为【标题】，如图9-115所示。

18 主要的段落样式都创建完成后，文档中的其余文本只需重复输入文本和选择段落样式即可，如图9-116所示。

图9-115

253

图9-116

9.2.5 页码和细节修饰

01 展开【页面】面板，双击【A-主页】进入编辑模式，如图9-117所示。

02 在页面的左下角创建一个文本框架，执行【文字】|【插入特殊字符】|【标志符】|
【当前页码】命令插入页码符号，然后输入页脚文本，如图9-118所示。

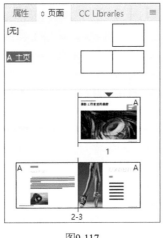

图9-117

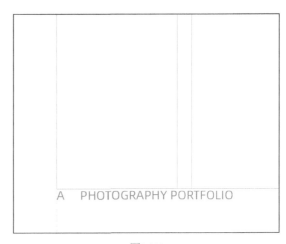

图9-118

03 选中页码符号，设置【字体大小】为9点，设置【填色】为第三个自定义色板。选中页脚
文本，设置【字体大小】为7点，【填色】为第二个自定义色板。按键盘上的Esc键退出文
本编辑模式，单击【控制】面板上的【居中对齐】按钮，结果如图9-119所示。

04 将文本框架复制到另一个页面上。调换页码符号和页脚文本，让两个页面的页脚完全镜
像，如图9-120所示。

05 双击页面1缩略图退出主页编辑模式，将【无】主页拖动到页面1、页面2、页面3和页面10
的缩略图上。在页面4的缩略图上单击鼠标右键，在弹出的快捷菜单中取消【允许文档页
面随机分布】和【允许选定的跨页随机排布】复选框的勾选，如图9-121所示。

图9-119　　　　　　　　　　　　　　　图9-120

06 执行【版面】|【页码和章节选项】命令，在打开的【新建章节】对话框中勾选【起始页码】单选按钮。在【编排页码】选项组的【样式】下拉列表中选择【01，02，03…】，单击【确定】按钮完成设置，如图9-122所示。

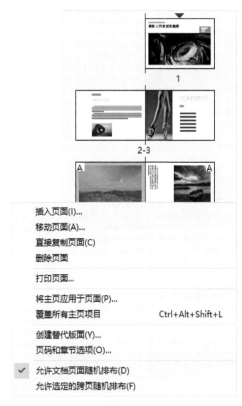

图9-121　　　　　　　　　　　　　　　图9-122

07 激活工具箱中的【直线工具】 ，按住键盘上的Shift键在页面05上创建一条直线。在【控制】面板中设置【L】参数为75毫米，【旋转角度】为45°，将直线移动到如图9-123所示的位置。接着将直线复制到其他页面上完成实例的制作。

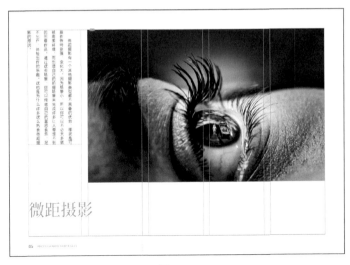

图9-123

9.3 杂志的设计与编排

期刊杂志的分类很多，文学和理论类期刊比较接近图书，主要讲究文字样式的编排。新闻和娱乐类期刊的文字和图片占比相对均衡，对版面构图和图文混编的要求较高。在摄影和旅游类期刊中，图片占主导地位，设计形式更接近画册，注重照片、色彩及标题的视觉刺激。这里就以旅游摄影杂志为例，学习编排杂志的流程和技巧，实例效果如图9-124所示。

图9-124

9.3.1 杂志设计概述

杂志的设计难度介于图书和画册之间。图书的页数多，编排工作量大，但绝大部分内容是可以直接套用样式的内页，编排占的比重更大，设计占的比重较少。杂志也有一些比较固定的内容，比如说，每个刊物的栏目设置、封面的形式、目录和页码的样式都会长期保持一致的风格，编排时可以直接套用前一期杂志作为模板。杂志的设计难点在于占主要篇幅的内页一般没有固定版式，很少有版式完全相同的页面，设计时既要考虑整体风格的协调性，又要使内页的版式构图和标题样式富于变化。

杂志的开本常用的有大度16开和正度16开两种，出血位仍旧是3mm，页边距不能少于5mm。为了便于阅读，杂志至少要分两栏，也可以分三栏。和画册一样，胶装杂志的页数必须是2的倍数，骑马钉的杂志页数必须是4的倍数。

9.3.2 创建文档和样式

01 单击开始工作区中的【新建】按钮，打开【新建文档】对话框。设置【宽度】参数为210毫米，【高度】参数为285毫米，【页面】数量为7，如图9-125所示。

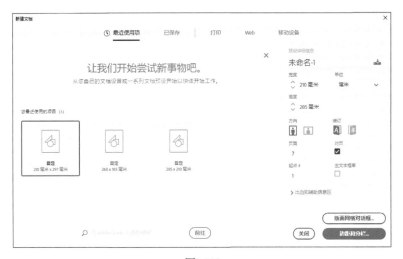

图9-125

02 单击【边距和分栏】按钮，在打开的【新建边距和分栏】对话框中设置【上】和【外】边距为10毫米，设置【下】边距为18毫米，【内】边距为12毫米，单击【确定】按钮生成文档，如图9-126所示。

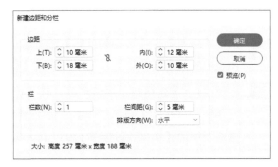

图9-126

03 执行【窗口】|【颜色】|【色板】命令，在【色
板】面板中设置第一个自定义色板的颜色值为CMYK
＝0、0、0、20；留下红色色板，将其余的自定义色板
全部删除，结果如图9-127所示。

图9-127

04 执行【窗口】|【样式】|【对象样式】命令，双击
【基本图形框架】打开【对象样式选项】对话框。选
择【描边】选项，设置颜色为【无】。选择【框架适
合选项】，勾选【自动调整】复选框，在【适合】下
拉列表中选择【按比例填充框架】，单击【确定】按
钮完成设置，如图9-128所示。

05 执行【窗口】|【样式】|【段落样式】命令，双击【基本段落】样式打开【段落样式选
项】对话框。单击【基本字符格式】选项，在【字体系列】下拉列表中选择【阿里巴巴普
惠体】，在【字体样式】下拉列表中选择【Regular】，设置【大小】为11点，单击【确
定】按钮完成设置，如图9-129所示。

图9-128

图9-129

9.3.3 编排杂志封面

01 执行【版面】|【边距和分栏】命令，在打开的【边距和分栏】对话框中设置【边距】选
项组中的所有参数均为10毫米，单击【确定】按钮完成设置，如图9-130所示。

02 在页面1上创建两条水平参考线，在【控制】面板中设置【Y】参数为70毫米和255毫米。
按快捷键M激活【矩形工具】，捕捉出血线创建满版的矩形，按快捷键Ctrl＋D置入附
赠素材中的【实例\第9章\实例03\Links\001.jpg】图像，如图9-131所示。

03 激活工具箱中的【颜色主题工具】，在图片上单击拾取颜色，继续单击按钮将颜色
保存到【色板】面板中，如图9-132所示。

图9-130

图9-131

04 在【色板】面板中展开【彩色_主题】，将第一个和第四个色板删除。双击第一个色板，修改颜色值为CMYK＝80、36、16、0，如图9-133所示。

图9-132

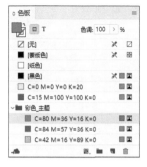

图9-133

05 激活工具箱中的【文字工具】T，在封面的左上角创建【W】和【H】均为60毫米的文本框架并输入刊名。选中所有文本，在【控制】面板中设置字体为【造字工房尚雅体】，设置【字体大小】和【行距】均为76点，如图9-134所示。

06 设置【填色】为【彩色_主题】中的第二个色板，单击【控制】面板上的【居中对齐】按钮，按键盘上的Esc键退出文本编辑模式，然后单击【居中对齐】按钮，如图9-135所示。

图9-134

图9-135

07 在中文刊名右侧创建一个文本框架输入英文刊名。选中所有文本，在【控制】面板中设置字体为【造字工房尚雅体】，【字体大小】为92点，【填色】为【彩色_主题】中的第二个色板，如图9-136所示。

08 在文本框架上单击鼠标右键，执行快捷菜单中的【文本框架选项】命令。设置【上】参数为26毫米，【左】参数为5毫米，单击【确定】按钮完成设置，如图9-137所示。

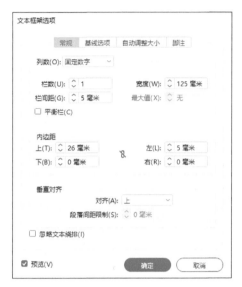

图9-136　　　　　　　　　　　　　　　　　　图9-137

09 在英文刊名上方创建一个文本框架并输入文本，设置【填色】为【纸色】，【字体大小】为18点，如图9-138所示。

10 在英文刊名右下方创建一个文本框架输入刊号，设置【填色】为【纸色】，【字体大小】为10点，如图9-139所示。

11 在中文刊名下方创建文本框架输入导读标题，设置所有文本的【填色】为【纸色】。选中文本的第一行，设置【字体】为【SegoeUI】，【字体样式】为【Light】，设置【字体大小】和【行距】均为30点。选取第二行文本，设置【字体】为【SegoeUI】，【字体样式】为【Semibold】，【字体大小】为18点，如图9-140所示。

图9-138　　　　　　　　　　图9-139　　　　　　　　　　图9-140

12 选取第三行文本，设置【字体样式】为【Medium】，【字体大小】为18点，【填色】为【彩色_主题】中的第三个色板。选取第四行文本，设置【字体大小】为14点。按Esc键退出文本编辑模式，单击【控制】面板中的【下对齐】按钮，结果如图9-141所示。

13 在标题下方创建一个文本框架并输入另一段导读标题，设置所有文本的【填色】为【纸色】。选中文本的第一行，设置【字体】为【SegoeUI】，【字体样式】为【Light】，设置【字体大小】为21点，【行距】为20点。选取第二行文本，设置【字体】为【SegoeUI】，【字体样式】为【Bold】，【字体大小】和【行距】均为35点，如图9-142所示。

14 选取第三行文本，设置【字体样式】为【Medium】，【字体大小】为18点，【填色】为【彩色_主题】中的第三个色板。选取第四行文本，设置【字体大小】为14点。按Esc键退出文本编辑模式，单击【控制】面板中的【居中对齐】按钮，结果如图9-143所示。

图9-141　　　　　　　　　图9-142　　　　　　　　　图9-143

15 在封面下方创建一个文本框架并输入第三段标题，选中所有文本，单击【控制】面板上的【居中对齐】按钮。设置【填色】为【纸色】。选中文本的第一行，设置【字体】为【Segoe Script】，【填色】为【彩色_主题】中的第三个色板，设置【字体大小】为54点，【行距】为48点，如图9-144所示。

16 选取第二行文本，设置【字体】为【Segoe Script】，【字体大小】为42点。选取第三行文本，设置【字体样式】为【Bold】，【字体大小】为36点，【行距】为60点，结果如图9-145所示。

17 激活工具箱中的【矩形工具】，在封面的左下角创建一个【W】为40毫米的矩形，设置【填色】为【纸色】。按Ctrl＋D快捷键置入附赠素材中的【实例\第9章\实例03\Links\条码.eps】文件，如图9-146所示。

图9-144　　　　　　　　　图9-145　　　　　　　　　图9-146

18 激活工具箱中的【椭圆工具】◯，在页面上创建一个圆形。在【控制】面板中设置【填色】为【彩色_主题】中的第一个色板，设置【描边】为【纸色】，【粗细】为5点，【类型】为【粗-细】。设置【W】和【H】参数为36毫米，结果如图9-147所示。

19 激活工具箱中的【文字工具】T，在圆形上方创建一个文本框架并输入文本。设置文本的【填色】为【纸色】，设置【旋转角度】为-10°，结果如图9-148所示。

图9-147

图9-148

9.3.4 编排目录页

01 切换到2-3跨页，在页面2上创建一条垂直参考线，在【控制】面板上设置【X】参数为127毫米。在页面3上创建一条水平参考线，设置【Y】参数为158毫米。继续在页面3上创建一条垂直参考线，设置【X】参数为320毫米，如图9-149所示。

02 按Ctrl＋D快捷键，在打开的【置入】对话框中框选附赠素材中的【实例\第9章\实例03\Links\002.jpg】至【实例\第9章\实例03\Links\006.jpg】图像，单击【打开】按钮，在跨页上参照如图9-150所示置入图像。

图9-149

图9-150

03 激活工具箱中的【文字工具】T，在页面2的右上角创建文本框架并输入文本。设置【字体】为【SegoeUI】，【字体样式】为【Regular】，设置【字体大小】为72点，【填色】为红色色板，如图9-151所示。

04 激活工具箱中的【矩形工具】 ，在如图9-152所示的位置创建一个矩形，设置【填色】为【纸色】。激活工具箱中的【文字工具】 T，在矩形上单击输入日期，设置【字体样式】为【Medium】，【字体大小】为20点。

图9-151

图9-152

05 在页面2上创建如图9-153所示的文本框架并输入目录文本。按Ctrl＋A快捷键选中所有文本，设置【字体大小】为12点，【行距】为16.5点。

图9-153

06 单击文本框架右下角的文本溢出图标 ，在页面3上创建串接文本框架。在串接文本框架上单击鼠标右键，在弹出的快捷菜单中执行【文本框架选项】命令，设置【栏数】为2，【栏间距】为16毫米，单击【确定】按钮完成设置，结果如图9-154所示。

图9-154

07 将栏目标题文本设置为红色，设置导读文本的【字体大小】为10点，【左缩进】为12.7毫米，结果如图9-155所示。

图9-155

08 在图片的右下角创建一个文本框架，输入页数后设置【字体】为【Vladimir Script】。复制文本框架，修改页数后与其他图片的右下角对齐，结果如图9-156所示。

图9-156

9.3.5 编排杂志内页

01 切换到4-5跨页，激活工具箱中的【矩形工具】☐，捕捉页边距创建一个矩形，按Ctrl＋D快捷键置入附赠素材中的【实例\第9章\实例03\Links\007.jpg】图像，如图9-157所示。

图9-157

02 激活工具箱中的【文字工具】 T ，创建一个文本框架输入英文标题。在【控制】面板中设置【字体】为【ATAura】，【字体大小】为39点，【行距】为32点，【水平缩放】为70%，设置【填色】为【纸色】，如图9-158所示。

03 单击【全部强制双齐】按钮 三 后选中第二行标题，设置【字体大小】为120点。按Esc键退出文本编辑模式，设置【不透明度】为60%，如图9-159所示。

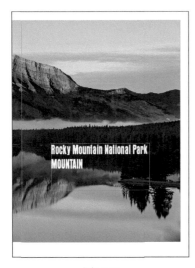

图9-158

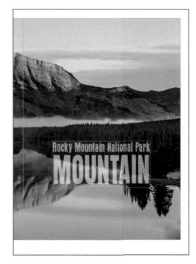

图9-159

04 在英文标题下方创建文本框架输入中文标题，设置【字体样式】为【Bold】，【字体大小】为46点，【填色】为【纸色】。单击【全部强制双齐】按钮 三 ，结果如图9-160所示。

05 在中文标题下方创建一个矩形，设置矩形的【填色】为【纸色】。激活工具箱中的【文字工具】 T ，在矩形上单击后输入文本。设置【字体样式】为【Medium】，【字体大小】为18点，设置【填色】为【彩色_主题】中的第一个色板，结果如图9-161所示。

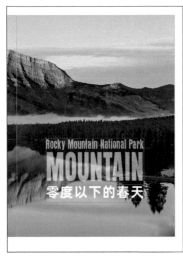

图9-160

图9-161

06 切换到6-7跨页。按Ctrl+D快捷键，在打开的【置入】对话框中勾选【显示导入选项】复选框，取消【应用网格格式】复选框的勾选，如图9-162所示。

07 双击附赠素材中的【实例\第9章\实例03\正文.doc】文档，在【Microsoft Word导入选项】对话框中勾选【移去文本和表的样式和格式】单选按钮，然后单击【确定】按钮，如图9-163所示。

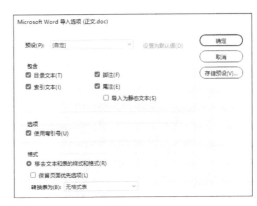

图9-162

图9-163

08 在页面6上捕捉页边距置入文本，在文本框架上单击鼠标右键，在弹出的快捷菜单中执行【文本框架选项】命令，设置【栏数】为3，结果如图9-164所示。

09 在页面6的左上角创建一个【H】参数为257毫米的矩形，按Ctrl+D快捷键置入附赠素材中的【实例\第9章\实例03\Links\008.jpg】图像，如图9-165所示。

图9-164

图9-165

10 执行【窗口】|【文本绕排】命令打开【文本绕排】对话框，选中图像后单击【上下型绕排】按钮，设置【下位移】为4毫米，如图9-166所示。

11 重复前面的操作置入更多的图像，然后进行文本绕排设置。单击文本框架上的文本溢出图标⊞，在页面7上创建串接文本框架，设置串接文本框架的【栏数】为3，如图9-167所示。

图9-166   图9-167

12 选中所有文本，设置【字体大小】为9点，【行距】为14点。在【属性】面板中展开【段落】选项组，在【标点挤压设置】下拉列表中选择【基本】。在打开的【标点挤压设置】对话框中进行2个字符的首行缩进设置，结果如图9-168所示。

图9-168

13 选中正文的小标题，设置【字体大小】为12点，【填色】为【彩色_主题】中的第三个色板。在【属性】面板中展开【段落】选项组，设置【段前间距】和【段后间距】均为7毫米，在【标点挤压设置】下拉列表中选择【简体中文默认值】，如图9-169所示。

14 单击【控制】面板最右侧的≡按钮，在弹出的菜单中选择【段落线】。在打开的【段落线】对话框的下拉列表中选择【段后线】，勾选【启用段落线】复选框。设置【粗细】为0.5点，在【颜色】下拉列表中选择第一个自定义色板，设置【位移】参数为1毫米，单击【确定】按钮完成设置，如图9-170所示。

图9-169　　　　　　　　　　　　图9-170

15 执行【窗口】|【样式】|【段落样式】命令，单击【段落
样式】面板中的■按钮，基于选中的文本创建段落样式，将
段落样式命名为【小标题】，如图9-171所示。

16 选取文本中的其他标题，单击【段落样式】面板中的【小标
题】套用样式，结果如图9-172所示。

图9-171

图9-172

9.3.6　创建页脚和页码

01 展开【页面】面板，双击【A-主页】进入编辑模式。在页面的左下角创建一个文本框架，
执行【文字】|【插入特殊字符】|【标志符】|【当前页码】命令插入页码符号，然后
输入页脚文本，如图9-173所示。

02 将文本框架复制到另一个页面上。调换页码符号和页脚文本，让两个页面的页脚完全镜像。

03 在【页面】面板上双击页面1缩略图退出主页编辑模式，将【无】主页拖动到页面1的缩略图上。在页面2的缩略图上单击鼠标右键，从弹出的快捷菜单中取消【允许选定的跨页随机排布】复选框的勾选，如图9-174所示。

图9-173

04 执行【版面】|【页码和章节选项】命令，在打开的【新建章节】对话框中勾选【起始页码】单选按钮。在【编排页码】选项组的【样式】下拉列表中选择【01，02，03…】，单击【确定】按钮完成设置，如图9-175所示。

图9-174

图9-175

05 在【页面】面板主页区的空白位置单击鼠标右键，在弹出的快捷菜单中执行【新建主页】命令，结果如图9-176所示。

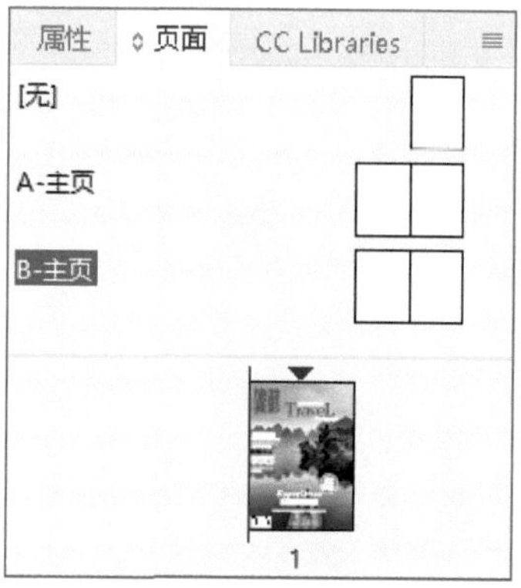

图9-176

06 双击进入【A-主页】，选中页脚文本框架后按Ctrl＋C快捷键复制。双击进入到【B-主页】，单击鼠标右键后在弹出的快捷菜单中执行【原位粘贴】命令。将页码占位符和页脚文本的【填色】设置为【纸白】，如图9-177所示。

07 执行【窗口】|【图层】命令，单击【图层】面板下方的 ■ 按钮新建一个图层，将【图层1】中的文本内框架拖动到【图层2】中，如图9-178所示。

08 将【B-主页】拖动到页面2的缩略图上完成制作。

图9-177

图9-178